OPEN是一種人本的寬厚。

OPEN是一種自由的開闊。

OPEN是一種平等的容納。

OPEN 4/14
憤怒書塵

作　　者　衞浩世
譯　　者　王泰智
主　　編　吳繼文
責任編輯　王林齡
美術設計　張士勇　謝富智
出 版 者
印 刷 所　臺灣商務印書館股份有限公司
地址：臺北市重慶南路 1 段 37 號
電話：（02）23116118／傳眞：（02）23710274
讀者服務專線：080056196
郵政劃撥：0000165－1 號
E-mail：cptw @ ms12.hinet.net
出版事業登記證：局版北市業字第 993 號

初版一刷　1999 年 2 月

定價新臺幣 280 元
ISBN 957－05－1557－0（平裝）／94500000

OPEN 4/14

UND SCHRIEB MEINEN ZORN IN DEN STAUB DER REGALE

憤怒書塵

法蘭克福書展主席衛浩世回憶錄

衛浩世
Peter Weidhaas／著
王泰智／譯

臺灣商務印書館 發行

目次

第一章　多拉大飯店

我站在它的面前。這一瞬間，我看到了玻璃門反射出的那個影子：一個滿面灰白鬍鬚、五十多歲的男人。他雙手各提著幾件行李，一件皺巴巴的風衣搭在肩上。在他身後，一輛小麵包車正呼嘯著駛過邁普大街。一股藍色的廢氣遮住了鏡中的背景。玻璃門遲緩地打開了，我走進了布宜諾斯艾利斯的這家小旅店。每當我來到這個南美國家訪問，它總是我落腳的港灣。

我又向前邁了一步，那兩扇門和打開時一樣，又遲緩地在我身後關閉起來。我來到一個長長的廳堂裏，這是一個除了客房以外包羅萬象的廳堂，接待處、電話總機、酒吧、休息廳、用兩扇西班牙屏風隔開的四張桌子餐廳、兩部電梯、衛生間、電話間等，一應俱全。

從廳堂的深處，一位年老的「服務生」滿面春風地迎了上來：

「哈囉，先生，您又光臨本店，實在榮幸之至！」

如此周到又溫暖的服務氣氛，我在全世界的旅館中還都沒有遇到過。你走進裏面，遲緩的玻璃門在你身後關上，邁普大街上雷鳴般的交通喧囂立即就銷聲匿跡了。你同時也獲得了解脫。

向我迎上來的服務生，接過我手中的箱子。二十五年前當我第一次光顧這家旅店時，他就在這裏做工。他的腰比過去又彎了一些，頭髮也灰白了許多，但他的喜悅是真誠的。我知道，他馬上就會和我開一個玩笑，這是他的拿手好戲。他大概要把我的箱子藏起來，然後再慌張地跑來跑去到處翻找。

「先生，只有這樣，才能保持精力旺盛。」最後他聳聳肩膀說。

我已經熟悉了他的幽默，於是緩慢地向廳堂深處走去，不時轉過身來，環視一下四周：一切都没有變！還是那個酒吧，京特・洛倫茨（Günter Lorenz）常常清晨四點鐘坐在這裏，挺著被酒精折磨得僵硬的身軀等待著我們；還是那張象牙白的皮沙發，阿根廷偉大的盲人作家波赫士每天早晨坐在這裏用他的早茶；還是那尊木雕女像，挺著過於修長的身材，紮著位置偏高的圍裙，仍然站立在金邊鑲框的壁龕之中。我終於舒了一口氣。

我們不總是希望記憶中的每一瞬間都能在現實中永遠保留下來，以便能夠再次回到那一刻，重溫已經過去的經歷嗎？我們不總是懷著一顆惴惴不安的心，重返兒時的故地和初戀的溫床嗎？是的，我們深怕看到記憶中的美好圖畫被毀掉，變得面目全非了。

但在這裏，在這個安稱「多拉大飯店」的小旅店裏，時間是停滯不前的。它仍和二十五年前一樣，一切都没有變。當時，我剛剛走上通往法蘭克福書展的道路，剛剛六神無主地踏入一個没有任何安全感，而只有流逝和過眼雲煙的世界。一切成功都在它取得的那一刻又消失了，新的成功必須重新去獲取。就這樣，我在這個世界奔波了四分之一個世紀，經歷了各種意想不到的坎坷，才得以牢牢騎住這條騰飛的巨龍，而没有掉下來。可笑的是，成功總是在逃逸中取得的，費盡力氣也只能抓住它一瞬間。

現在，我又站到了這個時間停滯不前的小旅店裏，看到當年只有三十歲的他走了進來，走到洛倫茨曾坐過的酒吧前，規矩地站到了那裏。我走向酒吧，問候這位當年就是這樣站在吧台後面的調酒師，並請他給我一杯我們當年常喝的飲料，這是一種難喝的混合酒，於是，一個碰杯敬酒的氣氛形成了。當時的世界又回來了，它的氣味、它的聲響、它的期待。我就坐在我自己的身邊。我向前望去，在葡萄酒、伏特加和黑牌威士忌等各種牌號的酒瓶後面的鏡子裏，看到了他也坐在那裏。

「喂，你在那裏幹什麼？」

「啊，我在籌備一個德國書展，克勞斯．蒂勒（Klaus Thiele）也來了。我，我們正在聖馬丁戲院的前廳裏擺設攤位。困難很大，我們在一塊鑲嵌了馬賽克圖像的位置上設了展位，現在不得不再拆掉，因爲馬賽克圖像不能被蓋住。明天就是開幕式，布朗特（Willy Brandt，後來成爲德國總理——譯註）前來主持。我們一直拚到早晨四點鐘，但仍未能完成，七點鐘還要繼續做。」

「那麼，那邊那個人呢？」

「他是京特．洛倫茨，我們都叫他教授。他是研究拉丁美洲文學頗有造詣的第一個德國記者。他是我們的顧問。他不停地接受採訪，也做些報告！」

二十五年前

一九六八年，這是一個變革的年代。我們國家的青年正在行動起來，反抗五〇年代的謊言，因爲經濟建設大開發的五〇年代驅走了過去的歷史。一個滿腹社會意識的人羣想創建一個無偶像的政權，替換戰後的「無父親的社會」和「欲哭無淚的時代」。

我們知道，那次的變革很快也很悲慘地失敗了。革命的主角走上了歧途，或是陷入紅軍派的恐怖主義，或是成爲奧修的門徒，或是變成了其他什麼派別。

但人們卻沒有低估那次在青年一代中發生的變化，我們這些青年懷著同情和執著，關注著這次變革。我們雖然沒有天天走上街頭參加遊行，也沒有到伏爾泰俱樂部參加徹夜不眠的激烈政治辯論；我們沒有住進居住共同體裏，也沒有參與雜誌熱中報導的性解放運動，但我們確實興奮地注視著所發生的一切，有時也笨拙地走進遊行隊伍的行列。

在我們的身體裏，發生了某些變化，我們從束縛中得到了解脫。這種解脫當然不再是書本中的描繪，而是垂手可得的現實。過去一切不可行的事情，變得可行了。

身爲德國人的壓抑感，很早就使我脫離了雙親的庇護。當我意識到以德意志名義發生並由德意志人民進行的殘暴行爲，也有我一份在內時，正在成長中的我無法再忍受下去，於是產生了逃逸的念頭。

我不想作德國人。我不想再講德語，我尤其不想再被列入這個社會。我逃走了。我逃離電車上的那些灰矇平庸的人羣。我逃離了老師，我逃離一切在這個國家追求權勢的人。我奔波於歐洲。法蘭西、英格蘭、西班牙、希臘、土耳其都列入我無休止的逃亡計畫之中。

一直到我最後產生自我懷疑時，才又感到至少應該去學一門職業——我受到的世俗教育還是佔了上風——於是在强大的自我約束下，又同時經受著貫穿我一生的悲哀和壓抑，完成了學業。

今天我可以說，是一九六八年的大學生，又歸還了我們某種自信。他們和權力主流相抗衡，使得那些仍然和納粹時代的權勢，或至少其部分思想勾結的人物受到了普遍的懷疑。一九六八年發生的這一切，對住在西德的人來說，不管今天的人們怎麼看待，確是一次使人獲得解放的文化革命。很多具有特色的自由思想，都出自於那個動盪的時代，前德意志聯邦共和國因而意氣風揚，整個德意志也許也因而產生變化。

然而，六八年的變革也在其他很多方面左右著我們。我們變得無所顧忌了。我們不再像從前那樣順從，而是變得固執了，甚至只去做我們自己願意做的一切。這是一種新的和奇妙的經歷。一切都突然變得開放和無限了，開發的機會、生活的樂趣……

當時我在斯圖佳特的格奧爾格・蒂莫（Georg Thieme）科學出版社擔任出版部主任。那個時候，出版社中突然出現了一種超部門的聯盟現象，這在以前是沒有過的，今天也不會再出現。我們當時整日整夜地歡聚。我們團結一致來對付出版社上司日益對我們增加的壓力。我們互通情報，我們彼此提攜。

按當時通常的思路，我請求一位朋友赫爾穆特・甘（Helmut Gann）提供幾個西德北部的招聘消息。他是出版社主管的助理，是我們中唯一可以看到「德國書商交易通報」

（Börsenblatt des deutschen Buchhandels）的人。我當時打算去魯爾區看望朋友，想在途中到處打探打探其他的出路。

這並不是一次有計畫求職的認真步驟。雖然從長遠看，我確想求得一個出版社高階主管的職務，但這個時期的生活，感覺卻是更傾向於從壓抑下解放出來的變革，而不是有目的地追求升遷。

我在這一周的旅行中，所得到的招聘信息當然少得可憐。海德斯海姆出版社正在徵求一名社長，這是施瓦本省一家主要出版馬匹和騎士文學的小出版社。而法蘭克福德意志書商交易協會則正需要一個能夠鑄造出「帶頭的鐵釘」的人。我去了海德斯海姆，得知我很有希望獲得那個職務，但當我又回到斯圖佳特以後，我立即坐下來寫信婉拒。我當時的生活感覺是嚮往遠方的國度和開放的環境。我假如去了海德斯海姆，就會深深地陷入遠離世界的施瓦本地區的昏暗角落。因爲斯圖佳特對我已是一個桎梏。

那麼交易協會呢？我們這個行業的基層行政機構本來就聲名狼藉，像法蘭克福書商協會這條路能夠通往解放的坦途嗎？我有些不寒而慄了。

「不，不！」赫爾穆特·甘說：「去那裏吧。那不是交易協會，那是一個搞展覽會的地方，都是些著了魔的人！去吧，至少可以去玩一趟。我也曾出於好奇去應聘過一次！」

赫爾穆特·甘和我在這時還沒有意識到，他說的那句：「那不是交易協會，那是搞展覽會的地方！」所描寫的領域，竟使我在以後的幾十年裏在其中奮鬥了一生。

我去了，但熱情不高，只是因爲甘極力向我推薦，也只是因爲它反正是我北方之旅中的一站。甘說得很對：「都是些著了魔的人！」

當我來到小鹿溝大街，按了門鈴以後，克勞斯．蒂勒爲我開了門。今天他在墨西哥經營一家小出版社，當時是法蘭克福書展公司的國外展覽部主任。

「您會法語嗎？」這是我自我介紹以後他的第一個問題。我只能否認。在學校裏，我沒有學過法語，但有一年我曾上過法語教室。但這根本談不上是會。

「真可惜，這樣您是沒有機會的！」他憂慮地說：「我們的頭兒是個法語狂，他很可能用法語和您談應聘的事。」

那只好這樣了，我也不願掃了他們頭兒的興。幾分鐘以後，我被帶進了頭兒的房間，一個滿面春風的希格弗雷德．陶貝特（Sigfred Taubert）從他的大寫字檯後面向我走來。

「日安，先生！」

然後又是一陣法語風暴向我襲來。於是我試圖用但願是正確的法語進行抵擋：「Mais oui, Monsieur, Mais non, Monsieur. Naturellement, Monsieur.」（是的，先生；不，先生；當然，先生！）

陶貝特先生和我進行的第一次談話，大約用了三十分鐘，但他在談話中試圖告誡我的話，我能夠聽懂的卻很少。

我有些喪氣地告別了，但沒有忘記向會計倫茨夫人支取我的路費補貼。確實是些著了魔的人，我想，然後繼續我去魯爾區的旅程。對我來說，法蘭克福這一章已經結束。

人是會失誤的。當我回到斯圖佳特時，一封來自法蘭克福的電報已經發來，上面說，他們經過長時間的考慮，最後決定任用我。但我必須很快就上任，因爲他們打算幾周後就派我去南美以下幾個城市出差：布宜諾斯艾利斯、科爾多瓦、蒙特維多、聖地牙哥、瓦爾帕拉伊索和康采普欽。

看到瓦爾帕拉伊索（VALPARAÍSO）這行字時，我陷入了夢幻之中：樂園之谷！可我對南美又知道多少呢？樂園之谷，這不就是陽光、白沙、棕櫚和身著滑稽小裙，可愛的褐色皮膚女郎嗎？

請不要搖頭對這個年輕人的幼稚而氣惱吧。當人們談到所謂「第三世界」時，儘管已有幾十年的旅遊民族大遷徙，這些難道不就是至今還貼在歐洲人頭腦中的模型和標籤嗎？何況當時的旅遊事業才剛剛開始呢？對這個題目我以後還要講一講。在這裏只講這麼多：瓦爾帕拉伊索，以及去看樂園之谷，是我答允法蘭克福的決定性因素。瓦爾帕拉伊索符合我當時的生活感覺。我想先看樂園之谷，然後再去完成更嚴肅一些的工作。

部長的故事

我是在一個冰冷陰雨的冬季來到瓦爾帕拉伊索的。外面刮著風，人們緊裹著衣服，匆忙地走在這個太平洋岸邊骯髒的港都街道上。海邊沒有棕櫚樹，海灘上的沙子是黑色的。

我一直坐在布宜諾斯艾利斯這家旅店的酒台旁。從法蘭克福到此的長途飛行，拉布拉他河畔濕暖的空氣，以及友好的調酒師從酒台裏面向我推送過來的三杯飲料，儘管我剛剛飲乾一杯，就已經顯示了它的效果。但勾起我記憶的酒台的魅力卻沒有喪失。那個時期的一些趣聞軼事仍在我頭腦中閃動。只不過都同飲酒有關。

當時任凱辛格（Kiesinger）政府外交部長的布朗特，在一次正式訪問阿根廷時，主持了我們在布伊諾斯艾利斯的書展開幕式，在致辭中盛讚偉大阿根廷詩人波赫士，然後來到展台，似乎饒有興趣地翻閱著蒂勒遞過去的一本書，我站在稍後一點的地方，因爲這是我做的第一次展覽，而蒂勒則在指點我應如何做。

這時我突然發現了那位半盲的詩人。（也有人說他根本不是盲人，只是爲擺脫他專橫的九十高齡的老母而裝成盲目而已，且不去管他。）總之，我發現了他不知所措地站在一個角落裏。我拉起他的胳膊把他引到了部長所在的那個展位。與此同時，阿根廷電視台也正在扛著打開的攝影機和刺眼的探照燈向這裏走來。爲說明下面發生的這段不尋常的談話，需要先說明一個事實：當時正是布朗特酒意尚濃的時間，而且又在這濕熱的氣候下已經度過了一個勞累的白天。

「部長先生，請允許我向您介紹您在剛才的講話中高度評價過的偉大詩人！」

部長腰板筆挺，以其特有的布朗特式的微笑伸出手來問候，並說：

「我——也——很想——布拉——布拉——睡——一覺！」

我看了一下四周，想找人幫我。但附近沒有一個人可以助我一臂之力。

「請您原諒，部長先生，恐怕您沒有聽清我的話。這是波赫士先生，阿根廷作家！」

部長同情地望了我一眼，又微笑了一下，然後提高聲音說：

「我——也——很高興，布拉——布拉——通！」談話就這樣結束了。

次日我看了電視裏的錄影：德國外交部長在德國書展上異常高興地問候了偉大的阿根廷詩人！這當然是毫無異議的，因爲人們可以從畫面上看到。但原來的聲音當然被解說員的解説所掩蓋。

我很崇敬布朗特，尤其他呈現的卓越形象，儘管他在這一刻表現得相當蹩腳。在緊接著舉行的酒會上，我還是成功地使他們兩人走到一起進行了一次真正的長談。

友好的調酒師擔憂地注視著我的眼睛，但又推給我一杯那種無法名狀的飲料：

「您感覺還好嗎？」

「很好！」我還保持口齒清晰地回答，並把酒一口喝了下去。

「請給我一份配棕櫚芽的生火腿，勞駕！」

現在回憶起來，當時是我有生第一次和一位高級政治家的接觸，這對我是個很關鍵的經歷。

所有在我之前和在我之後從事「德意志書商交易協會展覽公司」（簡稱AUM）國外活動的人，完成第一次國外任務時，都是一種過河卒子行爲。

我們大多都來自書商或是出版社下層的職員，也就是來自一個狹小的世界。而那些部長、大使、名作家、名藝人和名記者的所謂「大世界」，他們在豪華飯店的生活，機場和酒吧間的世界，我們這些人最多是從書本、電影或者通過當時還沒有普及的電視知道的。當我們首次被派往國外世界時，大多沒有足夠的準備。

我們雖然必須掌握一門外語，或者我們也許已經到國外旅行過幾次，但這又算得了什麼呢？

爲舉行這第一次書展，我們在法蘭克福做了充分的準備。我們把要展出的圖書收集到一起，裝進木箱。我們準備了海報和宣傳品。或許也讀了一本關於那個國家的書。所有這些都是在我們熟悉的生活範圍內進行的。八點鐘來到辦公室——印刷和運輸任務——和主管談話——和同事吵嘴——各種日程——一切都必須用船或用車準時運出——六點鐘下班回家或者去酒館。

就是這樣，然後那一刻到來了，開始啓程去第一個書展的展出地點，於是，幾個月來所計畫和所準備的一切，都同時到達目的地，包括我們自己。提包裏裝滿了鈔票，因爲國際匯款要花費很多開支。一切都這樣就緒了。

到達第一個展出地點，就像是一次爆炸性的演變，就像一隻蝴蝶的蛻變，慢慢從緊裹的繭殼中蛻脫。色彩開始顯現出來，氣味開始散發出來，喧囂變成了特殊的音樂，所有那些在幕後準備德國書展的陌生的人們，獲得了我們的好感……

當然，我不應誇張，但從家鄉的桎梏中走向一個顯然没有邊界也没有監督的世界，確實是一種絕無僅有的經歷。我們住在旅館裏，日常生活的瑣事，像洗衣服和做飯之類的事情，都不必操心。黑夜變成了白晝。酒精消除了一切界限。

有幾個同事經受不了這種經歷。當大使邀請他們赴宴，政治家像對其同行一樣同他們認真談話，記者們聆聽他們的講話並向他們提出只有上帝才知道如何回答的問題時，他們突然感到，似乎大家的注意力都集中到了他們身上和他們所說的事情上了。

我不想說出那些在外面撕毀自己人格的人名，他們作爲旅行者飛出去，在那裏像一隻牛蛙一樣自我膨脹起來，而且無法再縮小回去，無法再去適應原來簡陋的「寒舍」，無法重新回到常規的法蘭克福辦公室，也無法再去忍受年度的財務預算。不僅要受到隨之而來的外交部的審查，財政部的無情檢驗，以及在至高無上的聯邦審計院面前的心驚膽顫，而且還要設法擺脫這種展覽會千絲萬縷的網絡的糾纏。如果在外面包括在自身內部爆發的種種餘波，都能重新收斂起來，以開銷結帳和業績總結的形式重新回到家裡的格局，做出一個交待，那就會給人以很大的安慰。

當時曾有一些人，不得不很早就離開了展覽處。包括我去瓦爾帕拉伊索替換的那個人也遭到了同樣的命運。又過了幾年，我不得不把一個部門主管由於同樣的原因炒了魷魚。發生這樣的事情有一個過程，因爲它的潛伏期較長，「ＡＵＭ號宇宙飛行員」在法蘭克福辦公室的行爲和在外面的表現之間有一種無形的線索，它過一段時間才會斷裂。但無論如何，第一次展覽會是至關重要的。

那麼我爲什麼能夠得以保留下來呢？我爲什麼今天又能夠坐在這個酒吧前，又能住在布宜諾斯艾利斯的這家旅館裏，又能用我的已經朦朧的醉眼注視酒瓶後面的鏡子，回憶我二十五年前的第一次展覽會呢？

我是布朗特的崇拜者，當時就是。我記得，我甚至在睡夢中見到過他，那是一個充滿父愛的夢，他在夢中對我十分親切。他當時是那個無父年代的一種替換形象。

而且他就活生生地站在我的面前。我從未像那時那樣激動過。爲了讓布朗特主持展覽會開幕一切都完美無缺，我們當時拚命地工作。多少天，我們都是連續做十七個小時。然後他來了，開幕式進行得完美無缺。我們在艱苦勞動之後，遠離展位，去尋求酒精的刺激，它可以使我們感覺不到勞累後的疲憊。然後，他突然又來了。這是和他進行個人接觸的第一次機會。然後就是詩人波赫士，然後又是同時擁來的電視台，然後就是他那句布拉，布拉，布拉！

我的牛蛙數完了。此時此刻一陣清醒控制了我，我感到一種對這個人的同情，他當時的處境顯然不好。我對這一幕的出現感到很遺憾。我引導了退場。

當然，後來我顯然過於看重了這一事件。但可以肯定的是，在這次開幕式上，我從狂熱的夢幻跌入孩童般的驚訝之中。這是一種對人、對事物間聯繫的驚訝，也是對我自己在這聯繫中的變化的驚訝，這一變化至今還不時侵襲著我。我覺得，這個變化才真正使我在這個充斥資訊、陰謀、利害衝突和人性脆弱的瘋狂世界中，得以在職業和精神上存活下來。

然而，儘管驚訝，我卻並沒有麻木不仁，也沒有玩世不恭。驚訝可以使驚訝者保持潔身自好，而不求取終極的答案。

噢，朋友們，保留你們的驚訝吧，因爲當你們不再能驚訝的時候，你們就只能對自己吃驚了！

第二章　我們在這裡做什麽？

我們在聖馬丁劇院舉行的展覽會，每天從下午四點開放到午夜零時，共進行了十一天，觀衆一萬五千人。這是一個了不起的成就：共展出圖書二、七六〇種，主要是德語書籍，這無疑是德語書籍當時少數幾次全面性而重要的展示之一。

這個幾乎有七百萬人口的拉丁美洲大都市，擁有上百座劇院和電影院，擁有上千家餐館和咖啡廳。在這裏人們熱中於通宵歡宴、飲酒和辯論。在這樣一個城市裏，我們的展覽會爲什麼能夠吸引如此衆多的人對它感興趣呢？

如果說，這個成功和我在布宜諾斯艾利斯的微薄的貢獻有一點關係的話，那我就是在撒謊。因爲這次我只是跟著跑腿，努力學習如何才能搞好這樣一個活動。我當然也想盡快擺脫那個有些神經質的蒂勒的制約（他只負責帶我在布宜諾斯艾利斯活動），以便能形成我自己籌備這樣的德國巡迴書展的觀念。

蒂勒十分出色地準備了這次展覽會，同時還有一個第三者參與了這項工作，那就是京特·洛倫茨。他的參與可以看作是我們的幸運。洛倫茨並不是一個出色的外交家，相反還是一個比較刻板的人。身爲探險遊記的記者，到庫德地區（Kurdistan）進行了幾次平淡無趣的旅行之後，他就轉向研究正在方興未艾的拉丁美洲文學及它們的創造者。圖賓根埃德曼出版社爲他出版的訪問錄《與拉丁美洲的對話》，在行家中頗有名氣。

洛倫茨不論走到那裏，總是以其教授般的嚴肅，盛讚在德國只有他和少數日耳曼語專家所熟悉的拉美文學故事，並認定它們是無與倫比的，同時批評西方人的愚蠢和癡鈍，因爲他們至今尚未發現這種文學的偉大。

一個國內精英多半親歐美而對自身的東西總是輕視和自卑的國家，通常很樂意聽外國人特別是歐洲人肯定他們文學的偉大。這對知識界，尤其對傳播界是個鼓舞。

兩家廣播電台、一家電視台和阿根廷最大的日報《國家報》（*La Nación*）都對洛倫茨進行了詳盡的採訪。後來，他在這裏的聲名大振，以致一家電視台還邀請他擔任阿根廷小姐的選美活動評審。

這種「名人效應」當然也造福了我們的展覽會，布宜諾斯艾利斯市對展覽會報以感激之情，因爲他們的「教授」能因此而在這個城市逗留這麼長的時間。

但我們展覽會的知名度也不僅僅由於他的訪問錄而得益。洛倫茨還通過他的出版和翻譯工作，同當時拉美文學的大師們建立了友好的聯繫，其中有：略薩（Vargas Llosa）、巴斯托斯（Roa Bastos）、貝尼德提（di Benidetti）、菲洛（Adonias Filho），以及在阿根廷有特殊地位的薩博托（Ernesto Sábato）。他最著名的小說《英雄與墳墓》當時在德國剛剛出版，就是這本書使我第一次接觸了拉丁美洲文學，在我尚未踏入這個大陸半步時，它就早已把我的靈魂帶到了布宜諾斯艾利斯了。

同阿根廷這些偉大的學者和小說家的友誼，使洛倫茨很快就得到了阿根廷其他文學家和知識界的賞識，結果導致了阿根廷公衆心目中的文學教皇，廣受尊敬的女散文家歐坎波（Victoria Ocampo）出席了展覽會的開幕式，這無疑又吸引了更多對文學有興趣的各界人士前來參觀我們的展覽會。

爲了不使傳播媒體置我們的展覽於不顧，我們還採取了另外的措施：我們第一次委託同當地新聞界關係密切的瑪麗亞・歐・德・赫茨菲爾德（Maria O. de Herzfeld）做我們的公關工作。瑪麗亞是一位活躍而迷人的紅髮女士，是從柏林逃出來的猶太難民，異常活躍，每天早上七點（强調一點：我們的「工作日」在清晨四點前從未結束過！）打電話給住在旅館中的蒂勒，以新聞快報的方式報告前一天的成績：

「克勞斯，《印刷報》（*La Prensa*），這是本地第二大日報，今天在圖片版整版報導了展覽會，你想想看，一個整版……！」

蒂勒在因勞累而半死般的睡眠被這位熱情的夫人打斷以後，氣忿地走到他房間朝院子的窗前，向斜對面我房間的窗子大吼道：

「嘿，你聽著——瑪麗亞在《印刷報》上又拿到了一個整版！」

他這一吼，考驗了多拉飯店隔壁房間阿根廷客人的忍耐程度，但從未有人提過抗議。

外交部長的出席，洛倫茨和瑪麗亞兩人出色地造就出的新聞效果，以及我們積極採取的宣傳措施（張貼了八百張海報，散發了三萬張傳單，在布宜諾斯艾利斯各大報上刊登了三十五次廣告，爲展覽會觀衆發送了五千份目錄），促成了展覽會的成功。我很幸運，能在第一次舉辦展覽會就為今後的工作取得了如此重要的基本經驗。

當然，觀衆的人數還不能描述在這裏發生的實際宣傳效果。早在這第一次展覽會上，我就問我自己，我們到底想在這裏做什麼，儘管我當時還沒有打算繼續做下去。我們到底想傳播什麼樣的資訊和怎樣傳播資訊呢？我們有沒有可能得知，這次十分集中的資訊，是否會在這陌生的語言環境中產生了效果呢？

一個長久的問題

這個問題從此一直沒有離開我的思考。我每次都在問自己，不論是在可倫坡還是在紐約，在東京、在巴黎、在波多、在喀布爾還是在亞溫德，我都在問：我們在這裏到底做什麼？

我總是聽到同樣的開幕演說，它告誡人們去讀書：請讀書，請讀書，讀書有利於健康！然而就是那些大多屬於中上層社會的衣冠楚楚的開幕式貴賓，也幾乎都沒能力去讀那些展出的外文書籍，也就是說，無法去開拓和利用其中所隱藏的資訊，更不用說大門外的廣大羣衆了！如果我們想推薦的內容，只能隱蔽而無法公開出來，那麼，這樣一個消耗財力和人力的行動又有什麼意義呢？

這個問題多年來都在折磨著我。但由於它長期得不到解答，所以它總像藏在肉中的刺芒，促使我們不斷進行新的努力和特殊的發展！

當我後來接管了AUM公司的國外展覽部工作以後，我和我的同事進行了多方努力，讓觀衆能夠接觸到書中的資訊。

和有興趣的觀衆進行談話，使我們同去的輔導人員一再發現，書展中涉及到的有關德國社會中知識界的動向，本身就是充滿資訊的話題。

我們的書展恰如一支爲陌生聽衆演奏的樂隊。仔細挑選的圖書，就可以發出出色的音響來，奏出我們時代的旋律。我們如果能成功地找到合適的觀衆，把他們吸引到展覽會上來，那就完全有可能點燃起那個重要的「火花」，進行真正的對話。

有時，我們所追求所渴望的精彩場面出現了，點燃了火花，進行了對話。但要達到此種境界，路途還很遙遠，爲此我們需要有開拓能力的內行的工作人員。

然而，即使我們正確地、全副身心地投入準備工作，許多時候仍然無法點燃透過接觸期望出現的人際的火花。

特別關鍵的是，要確定好目標人羣以及與其相關的語言途徑，也就是說，要爲書展做好目標明確的和有意義的宣傳工作。

我們要極其注意處理好展覽會場中的視覺效果，將觀衆直接引入資訊。做法是：把不同類別的圖書明晰地區分開來，明確標明不同的類別的展位，並透過圖像標誌指示各大專題。展覽會的形象必須透過圖像標誌清晰地對外表現出來。這種圖像標誌應該引起上面提到的「目標人羣」的注意，促使他們來參觀展覽。

在當時我們的阿根廷書展中，這些系統的考慮才剛剛開始。「邊做邊學」在當時還只是我們的口號！然而在這裏，卻神奇地，不自覺地，無計畫地出現了很多我們後來有計畫地企圖完成的事情：比如在阿根廷書展上使用的海報和目錄的標誌，儘管在展覽會準備程序中沒有人想到此點，但它卻成了一個真正「盪氣迴腸」的標誌。

出於經費考慮，我們委託奧芬巴赫一名學藝術的女大學生爲這次展覽會設計海報。她全心全意地投入到彩色世界之中。海報中的「Libros」（圖書）的字母是黃色的，它被一個說話泡圈半蓋著，裏面可以看到用濃濃的性感色彩，紅色和紫色，寫成斷斷續續的字形「exp-posic-ión」（展覽）。畫面的組合十分巧妙，「Libro」中的「L」下部的一橫被說話泡圈掩蓋，成了一個「S」，如果粗略一看，只會看出一個「Sexpo」來。

有些冷言冷語者後來甚至認爲，我們在布宜諾斯艾利斯的成功，就是來自這個巧合。再加上當時正好有一部德國的性教育影片，已在這個正遭受翁加尼亞軍事獨裁的天主教城市賣座了好幾個月：那就是經過大量刪節的奧斯瓦爾德·科勒（Oswald Kolle）的影片《黑爾嘉姑娘》（*Helga*）。因而人們當然也就期望德國在介紹自己的時候，總會有些鹹濕的味道。

誰能告訴我們，我們是否和何時取得了成功呢？

至於展覽會對當地書商購書的影響，也很難檢驗：最多只能透過幾周後進行的問卷行動，但也很少能夠全面反映出書展的商業效果來。我們總是把某種希望寄託在一些特別感興趣的觀衆的紀錄上。某類依據我們還可以從展覽會上進行的書面提問中得到，但這也只是那些好心的觀衆，才會給予全面和準確的答案。

真正的成功，那重要的「火花」，實際上只能由從法蘭克福來的佈置和協助書展的男女工作人員做出。但他們的自我評價又只能是很主觀的，很難納入行政評價標準之內，在這方面我們必須屈從於我們的資助者。於是我們就只能抓住那些枯燥的觀衆數字不放，儘管它實際上很少能描述書展真正的成績，但它已作爲成功的評價標準而得到承認。

我們每次舉行這種大型活動後對書展的檢討都表明，這樣的專案除了需要有創新的意願外，最主要的是需要有認真的態度進行準備工作，特別要設法盡可能事先就避免出現不穩定的因素。

第三章　在科爾多瓦登上月球

這種想法在當時對我來說還是遙遠的未來。但在布宜諾斯艾利斯，我已經開始在懷疑我們所做的一切了。顯然，威廉・米勒（Wilhelm Müller）博士於一九五〇年所開創，繼而由陶貝特、羅穆赫爾德（Müller - Römheld）博士、施特爾滕（Hans Stelten）以及蒂勒繼承的事業，也不能就這樣繼續下去。

戰後的世界好奇地注視著可怕的德國會出現何種局面的時期，已徹底過去了。只是把幾千本德國圖書擺到展台上，或者在報紙上宣告我們已經來了，這是遠遠不夠的。我們必須對一切事物都要反覆地「追根究底」。「追根究底」在當時是一個時髦的詞兒。

不管怎樣，我當時正坐在一架阿根廷國內航線的飛機「南極號」（Austral）裏，飛往距布宜諾斯艾利斯七百五十公里的科爾多瓦（Córdoba），這是我通往我夢中目的地瓦爾帕拉伊索途中的第二站。

我感到很不自在而且很疲乏。在著名的探戈酒館「老倉庫」（El viejo Almacén）的午夜生活，在義大利娛樂區「交叉路」的酒迷之夜，那麼多新結識的朋友……我甚至差一點和一位小巧的法律系女大學生「訂了婚」。只不過當我被介紹到她父親那裏時（據說是一位阿根廷空軍上將！），我卻發現我更喜歡她的姊姊，於是乾脆就放棄了訂婚的打算。

我在不間斷的陶醉中經歷了我的第一個展覽會和迷人的布宜諾斯艾利斯。現在，我坐在飛機裏，向下俯視著那無邊無際的大草原，我突然感到，我在那裏所做的一切應該是一個階段的結束。

我負責的第一次展覽

從現在起，我要單獨對以後的展覽負責了。我們剛才在一場酒精的陶醉之中把蒂勒送上了前往墨西哥的飛機，他將在那裏拜訪他在德國認識的一位墨西哥女人。他後來和她結了婚並遷居墨西哥。洛倫茨愛上了一個「波爾帖娘」（Porteña，在阿根廷人們這樣稱呼布宜諾斯艾利斯的女人），名字叫做艾德（Haydeé），最後他也和她結了婚，至今還共同生活在德國的黑森林。我幸運地闖過了這一關，

1968年到達布宜諾斯艾利斯埃塞薩機場。

從內心裏感激我的命運，因爲那個發瘋的時代終於過去了。我決定，認真把精力集中到事業上去，這是我後來用半生的心血澆灌的事業。

然而，這個大陸卻有它自己的法則，而我才剛剛處於對它，以及拉美人性特點驚嘆的開始。我還沒有預料到，在這第二個阿根廷城市的逗留，會怎樣徹底地攪亂了我的生活。假如我事先讀過馬奎斯的史詩式小說《百年孤寂》的話，或許我就可以避開馬康多和踏入布恩迪亞家族了。多少痛苦雖然可以離我而去，但我更大的損失卻是失去一次深刻的人生經歷，失去我個性的發展天地，失去我根深柢固、狹隘的地方觀念得以延伸的機會。

把自己從頭到腳投入另一個陌生的、把你否定的文化之中，而且是以如此的廣度和深度，以致使你最終不再知道自己是誰，然後再從零開始，重新組合自己，一塊一塊地，每一塊都要觀察和審視，看它們是否有價值納入到一個新人中去，它已和原來的人沒有多少共同點——有這種感情的淨化才能造就一種愛情，一種來自不同文化、不同社會結構的兩個人之間的愛情，才能試探著在那山盟海誓的獨木橋上走到一起。

洛倫茨成功地說服了薩博托和我們一起飛往科爾多瓦，主持我們的展覽會。我們小小的文人隊伍中，還有另外一位阿根廷名人，歌手和吉他手埃杜阿爾多・法盧（Eduardo Falú）。在阿根廷就是這樣：爲友誼獻身，任何人都在所不惜，包括著名的大人物。

我們是爲德意志文學獻身的一羣樂天派，當然兩位阿根廷人不在其中。他們只想輔助一個朋友，使其事業獲得成功。我感覺到，在這裏做事和在我們那裏有些不同，我不斷地欣賞著由洛倫茨爲我翻譯的那些機敏又極其幽默的對話。

科爾多瓦是位於喜耶拉山腳下的一個內陸工業城市，當時有人口七十五萬（現在已達三百萬），那個時候正是它大發展的時期，當時已經超過了原比它大得多的羅薩里奧。這個古老的基督教中心，一直和秘魯的利馬爭奪最古老大學的榮譽，驕傲地自稱爲「學術重鎮」，當時正在經歷著當地軍政府民族主義的、甚至是法西斯主義的折磨。大學生冒著風險，反抗著軍人的專制，沒有心思關心在這個城市舉行的「德國書展」。每天都能聽到有人被逮捕、遭受酷刑的訊息。大學生舉行著大無畏的甚至是充滿想像力的抗議遊行。一次遊行被警犬部隊驅散，大學生們就在下一次遊行時，把一些貓裝進口袋裏帶上，當警犬部隊再來時，他們就把貓一下子放出來。

在這樣一個緊張的氣氛中和攝氏三十八至四十度的高溫下，我盡最大努力搞好展覽會的開幕式，展覽是在該省（軍政府！）文化部的防護之下舉行的，地點是市中心的國家電台發射中心的兩層樓中，共邀請了二百五十位客人。

這裏的新聞界和布宜諾斯艾利斯完全相反，不論是直接邀請，還是電話通知，或是親自登門拜訪，都無法動員他們前來出席我們的活動。當地媒體雖然仍登出了某類訊息，那都是科爾多瓦的歌德學院事先撰寫好的稿子，然後派人親自送去，塞到責任編輯的手中，才發表的。

這期間還舉行了有薩博托、洛倫茨和科爾多瓦的翻譯家卡恩（Alfredo Kahn）參加的座談會，放映了三部德國劇情片，在莊嚴的科爾多瓦大教堂舉行了舒伯特樂曲彌撒，一個阿根廷劇團演出了德國喜劇，它們雖然吸引了不少觀衆，但對書展卻無突破性的幫助。

最終共來了三千七百名觀衆參觀書展。很多阿根廷的德國僑民從他們在該省的聚居地趕來參觀展覽會。這些人是在懷舊心情的驅使下趕來的。部分人的頭腦中還存留著舊德國的印象，由於在展覽會未能得到印證而感到失望。當地的知識界對德意志語言和這次展覽會的興趣是很小的，和布宜諾斯艾利斯形成鮮明的對比。

我實在不敢接受這個事實。我没日没夜地奔波，向商店分發海報和傳單，拜訪報紙的編輯部和電台。因爲這是我自己負責的第一個展覽會呀！

她

在這條讓人失望的道路上，當地負責文化交流的歌德學院一位女職員一直陪伴著我。她是一位嚴肅的深色皮膚的女人，帶有强烈的印地安人的特點。她講一口稍帶口音的流利德語，從各方面看她都是一個典型的阿根廷知識女性，正是我們展覽會所需要的人。這個女人和我認識的其他女人完全不同，她有一種充滿活力但又保持女性特色的風度。我對她的興趣與日俱增。

在我們穿行這個城市的漫長路上，我開始瞭解她，關於她自己，關於她的家庭。她已經結婚，但和丈夫分居，當時在阿根廷是不許離婚的。她有兩個孩子，一個六歲的兒子和一個兩歲的女兒。她的父親是一位有名的地理學家，大學的系主任，母親是一位生物學家，也是大學的教授。城裏的牆上經常可以看到的政治標語，都是她姊姊的傑作。她是一個共產黨，當時關在監牢裏。

一天晚上，我們疲倦地回到中心，我請她到一家餐廳去吃美味的阿根廷牛排。關於這個國家，我想知道得更多，它的人民和他們的生活，他們的思想。我好奇地不斷提了很多問題。我的很多問題都顯示了我的無知或世俗的教育後果，因爲她常常對我提出的問題發笑。比如我問：

「您對你們國家現行的政治形勢有什麼看法？」

她笑了，但這不是歡快的笑，然後就開始講令她憂慮的她姊姊在監牢裏的情況，軍事當局的鎮壓措施，大學中一觸即發的緊張氣氛。這時我感覺到她生活中的一種醇厚、一種積澱，也爲她所講的鬥爭所感染，甚至想深入進去，參加進去。

我們一直談到飯店關門，然後又來到附近的一個公園，我們頭對頭地躺在一條冰冷的石凳上，繼續我們的談話，直到清晨。對我來說，好像是一次登月旅行。在這個夜裏，當我看到那無垠的拉丁美洲的星空時，當我聆聽周圍千百隻蟋蟀鳴叫時，我陷入了對這個大陸坎坷的愛河之中。

我終於理解了，這裏適用的人道主義和我們那個機會主義的、缺乏人性的大陸完全不同。南美，這個充滿坎坷的大陸，在它的居民中生長著一種飽滿而粗曠的人性，這是他們在不斷反抗大自然的威力，以及人類對手肆無忌憚的殘暴中形成的。對我來說，石頭和鮮血就是這個大陸的元素，我在那一夜曾探視它的內裏，並產生了對它瞭解和研究的願望。

在那個夜裏還發生了一些其他事情。我還結識了拉丁美洲的一種典型設施。這種設施雖然在世界其他地方也有，但卻不像這樣發達，像這樣被社會承認，像這樣廣泛的型式。

當我們在清晨的朦朧中從徹夜長談的凳子上站起身來，當我們終於起身面對面站在一起時，我們突然發現，一座渡橋在這兩個出身全異、經歷不同的人之間顯現了出來。我們決定要踏上這座橋。

我們漫步在附近的大街上。一輛出租計程車在我們面前停了下來。

「你應該說『去一家計時旅館』。」她貼在我的耳朵說。

我關上了車門。

「去一家計時旅館！」我從牙縫中擠出了這句話。

「什麼？」司機沒有聽懂我的話。我又費力地盡可能清楚地重複了一遍：

「……去計時旅館！」這個傲慢的司機進一步使事情更爲尷尬了。他完全轉過身來，看了一眼「Negra」（黑人），又看了一眼「Gringo」（老外），然後轉回身去說：

「你們要幹什麼？」

「去計時旅館！」她用清晰的語言說。

司機又看了看我們，點了點頭就開車了。我們出了城。我覺得，我們走了一段無止境的旅程。我們的談話變成了沉默。我從車窗向外望去。

路上的行人更少了。路的一側是籠罩在深藍夜色中的房屋，另一側則是閃亮的雲朵迎接著即將來臨的炎熱的白天。我們終於駛入了一個像要塞一樣築有高牆的院落，繞過一個小小的廣場，出現了一座三層的樓房，一個掛著三面沉重掛毯的大屋簷支在房前。我們的計程車穿進旁邊的一塊掛毯後，才停了下來。一名身穿制服的旅館侍者迎了過來，伸出了手。

「多少?」

我把一張鈔票塞到他的手上。我們兩人又在一個白色的電梯裡，然後升到了上面，電梯門開啓時，又一名侍者站到我們面前。

「您想喝點什麼?香檳，請等一等!」

他回來時，手中拿著一瓶酒和兩只酒杯，然後開啓了一扇門。我們進入了一間白色的潔淨的房間。我付了錢。他輕輕地鎖上了房門。房間裏只剩下了我們兩個人。

她叫多拉，她的朋友們都叫她「黑人」，因爲她具有一頭烏黑的頭髮和深色的皮膚，即使在阿根廷人中間也是很突出的。我從此就叫她「小黑」，因爲多拉過於像德國的名字。

她的家庭來自旁系的一個末代印加貴族。這個家族的政教領袖，曾對他臣民中的新婚者具有「初夜權」。因而在當年印加聚居地區的安地斯山區，就有這個傳奇式貴族的成百上千的「嫡長子」在這裏生息。

我提到這些，是因爲我認爲，在這

多拉和費雷拉「同志」，後者在本書中還會出現。

些我現在突然可以稱爲「我的」家族的人的內心中，存在很多印地安人的思維和行動模式，卻很少有西班牙或義大利式的歐洲性格。

尤其她的父親拉蒙（Ramón），他和藹可親的臉上具有古老卡奇肯人（Kaziken）高高的顴骨，他的行爲舉止獨特，甚至連家人也對他捉摸不透。有關他晚年的生活，他都傳奇般地寫入了書中，我認識他時，他已年近八十。當地電台經常播送他的這些傳奇故事。

在極其陰暗的天主教還毫無異議地統治著拉丁美洲社會的時候，這個固執的人卻是個無神論者。有人說，在二〇年代，當他還年輕時，曾登上家鄉教堂的塔頂，向著周日來做禮拜的教徒們撒尿。

有一次他違心做了一件他不贊成的事情，於是他把自己的床搬到了村口一棵梧桐樹下，而且據說他七年沒有離開過這裏。

二〇年代時，據說他還曾做過故鄉社會革命黨政府的部長。當了三天部長以後，他用槍打傷了一個反對黨的胳膊，於是拋開一切就回家了。

這些故事的真實性如何呢？我是全都相信的，因爲我自己就曾經歷過這位老人的和善的但卻難以想像的異常行爲。我對他的人格的廣闊和豐厚驚奇不已，從而喜歡上了他。

而奇怪的是，他也喜歡上了我：

「Alemancito, venga——小德國人，你過來！」他把我叫到跟前，給我看了一些化學圖書，那都是些他的老師德國教授們的作品。或者，他拖著已經破爛的鞋在他稱之爲工作室（Labor）的房間裏走來走去，那是一間四方的房間，從地板到屋頂，都塞滿了寫好的書稿，有幾張桌子上還擺著無數的化石和岩石標本以及繪有南美植物和花卉的彩色圖畫。他常常站在牆壁前，手中拿著筆記本，以拉丁美洲的模式，把手從上到下地擺動著，有時則伸出兩個手指，在書稿中間取出一個小盒子來。

「過來！」他再次招呼我，當我把我的鼻子直接對著小盒子時，他開啓了盒蓋兒。我看到一個黑影先是出現在蓋子的邊緣上，然後溜過我的手背，掉到地上，消失在那裏的書稿堆中。老人彎下腰，跪在地上，拍著雙手跟在黑影後面。

「這是一隻南美最毒的蜘蛛。」他在地上向我喊道，我慌張地逃離房間。

或者另外一件事：那是他當大學系主任的時期。城市劇院邀請他和他的家人作爲貴賓去參加一次首演。家中的婦女都已打扮妥當，一再要求他同樣爲劇院打扮一下。但拉蒙先生卻穿著一件破內衣，一條皺巴巴的褲子和一雙破拖鞋，站在他的工作室裏，顯然還在研究一個重大的學術問題。最後，到了七點半，離開戲還剩下半個小時。梳妝已畢的三個婦女站在工作室門前：

「喂，拉蒙，我們得走了！」

「什麼？噢，是的！」

老人在褲子腿上蹭了蹭手，走出他的工作室說：

「我們走吧！」婦女們站在那裏呆住了。

「可是，拉蒙，這樣不行！」老人看了看自己，搖了搖頭，走開了。一分鐘以後，他回來了，還是穿著原來的衣服。他的乾乾淨淨的周日禮服連同衣服架，拿在他的左手上，向著三個吃驚的婦女走去。來到她們面前，他把衣服扔給她們，喊道：

「在這裏！你們跟它去吧！」說完，就消失在他的工作室裏面了。

一把鑰匙

在科爾多瓦的日子裏，我的生活改變了。瓦爾帕拉伊索對我已變得次要了。我向一個陌生的文化邁入了第一步，這不是一種消費性的步驟，像人們在旅遊時做的那樣，而是很像中古時期的旅行，首先是帶著某種罪孽長途跋涉到陌生的國度尋求解脫，最後在旅行中獲得了再生。那時我確實曾願意把我的過去以及我追求的一切拋到身後，投入到這陌生的經歷中去。

而另一方面，它又意味著，我在這充滿風險的旅途中，需要腳下有一塊堅固的船板：我的工作變成了我的航船，我乘著它從一切陌生的、遠的和近的、神秘的和危險的地方駛過，以便能夠在以後再次返回把我鍾煉過的地方，脫胎換骨爲另外一個人。

我開始認真對待當初只當作一種度假消遣的工作。我離開時許諾，第二年春天把我小小的新家接回德國，因爲它是我進入這次陌生探險中使用的一把鑰匙。

我離開了科爾多瓦，飛向八百八十公里以外的烏拉圭城市蒙特維多，在這個對我十分重要的一九六八年的十二月初，作爲我們這次巡迴展的第三站，舉行了書展開幕式。當然是在和前兩站完全不同的條件下舉行的。這時我已感覺自己是一個「資深」的展覽專家了，我認真的投入工作中，首次在七家電視台的節目中同時亮相。爲了使這個展覽會最後取得成功，我做了一切努力，儘管氣溫一下子從攝氏四十二度猛跌到十八度，風暴和大雨都要求觀衆要具有特殊的熱情。

四千多名常常數小時埋頭在展出書籍之中的觀衆，參觀了這次書展，帶著這個成績，我才得以輕鬆地於十二月二十一日又重新裝箱，向著智利的方向進發了，我們將在烏拉圭以北的帕洛瑪（La Paloma）白色沙灘上度過我們的聖誕節。

在帕洛瑪的沙灘上，面對咆哮的大海，在南美天空細碎的白雲之下，一匹飄著飛鬃的白馬在奔馳。

第四章　早年的蛻變

你們真的找到了一匹好馬，
那匹如畫的神駒——然而
自從我見到它，那匹白馬，
就沒有任何良驥能吸引我的注意。
有兩次它已垂手可得，
然而——這已是很久以前的記憶。

這是德國一位無名士兵在俄國俘虜營中寫的一首詩。基爾士（Hans-Christian Kirsch）一九六一年寫的流浪小說《從頭到腳》中就是用這首詩結尾的。這位後來自稱「赫特曼」（Hetman）的作者，爲我們五〇年代流浪的一代創作了一面文學鏡子。那匹白馬後來還常常奔馳在我們日夜的夢幻之中。

白馬變成了自由的象徵，卻不讓人捉住。後來我們說，是不讓那些反權威者捉住。白馬在我們面前馳過，奔向遙遠和寬廣的世界，爲我們開闊了視野。當我在帕洛瑪的寂靜無人的沙灘上看到它時，我變得深沉了。它突然站到我的面前，彷彿從以往的夢幻中回復，高昂著頭，驕傲又似乎帶著狡黠的目光望著我，然後用後腿站了起來，轉了半圈就飛馳而去。

我開始回顧我「瘋狂的」流浪年代，當我從家鄉的壓抑環境中奔向遠方，奔向遼闊，奔向陌生的國度，奔向無定的白日和無宿的黑夜時，我沒有請教，沒有交代，也沒有顧及父母和老師的任何期望。

當你在一個大清早，背著全部家當，緩慢地離開那座陽光照耀下的城市，你並不知道未來的路在何方，這時，誰又能夠描繪出你當時的感情呢？快餐店門前的坐椅擺了出來，冒著水氣的地面正在清洗。菜店小販把新鮮的蔬菜擺到了貨架上，家庭主婦身穿晨衣，頭上夾著燙髮卷，正在噴澆著屋前的花壇。路上的交通還很稀少，一切還在朦朧當中。

作爲陌生人，你帶著警覺的目光穿過這寧靜的街道，但你並不感到陌生。你在這裏看不到你從其他地方擺脫了的壓抑。你的心被周圍這清晨的寧靜所感染。

特別當你走到城市的出口處時，你就會感到，它在等待著你：遠方、挑釁和無定的時日。無定的白天和無定的夜晚！

當你度過忙碌的一天，把你勞累的頭放倒在枕席上時，你還不知道明天會發生什麼。是在一個乾草庫房中展開你的睡袋，還是得到一次幸運的搭車，甚至是可以在一座豪華的軟床上做一個美夢，就像有一次在一個名字中有很多L字母的威爾斯小城中那樣。或許是在法國北部的一座修道院的一個房間裏，在一張特大的法蘭西床鋪上和十二名黑皮膚的伐木壯漢同床共枕，或是找到一所溫馨的青年接待站，和一羣英國女孩共同歌唱。也許，今天你只能睡在雅典一座新教公墓的墳塚之間，在格拉納達阿蘭勃拉（Alhambra）山下的叢林裏，在倫敦的公園長椅上，在義大利福吉亞（Foggia）一座度假別墅裏，和三名從沙灘上看中你的義大利女孩共度良宵。或許你不得不逃離一座茅舍，因爲一隊激動的病態土耳其士兵前來巡視，或者你也會在賽納河畔一家廉價客棧花上幾個銅板度過一夜。那匹白馬始終飄逸在我一九五四至一九六二年間這一幅幅豐富多采的流浪生活畫卷之中。

我一再逃離魯爾河畔小城米爾海姆（Mülheim）的壓抑氣氛，我在這裏度過了我的大部分學校生活，在這裏我也沾染了重要的缺陷，我後來一生中都在與之抗爭。每當第一股春風吹過這座平淡無奇的城市街道時，我就無法按耐得住了。我站到城外的高速公路旁，大多是站在通往南方的出口處，手裏拿著吉他，肩上背著行囊，頭腦裏就是

1952年與同伴從寂寞的魯爾河畔的米爾海姆逃逸，
騎車去比利時和法國途中。

那匹噴著粗氣、跺著蹄尖的白馬。

首先是一種自動自發的好奇心，自動自發的出走慾，後來逐漸地認識到，卡夫卡的文章和日記，對我的出走也不是沒有責任的。那是一種沒有父親的年代，缺乏真正可以依附的權威的年代。當時存在的權威就是老師、牧師，這個不許做，那個應該做，政治上的周日演說家，父母經常出没的酒店，這些都是表面上的權威，它們在我心中和在我同時代人的心中都是没有份量的。它們已經遠遠過時了，它們在欺騙自己。他們所依據的是順從和已經空虛了的社會準則，無人再相信它，歷史的發展已使其成爲荒謬。

一九五二年我寫了一個聖誕小故事，關於一隻可憐的夜鶯，直至今日，它還使我記起米爾海姆日子的氣氛。那是聖誕前夜，我從房間的窗子裏無聊地向外張望，外面一片繁忙，到處是聖誕的盛裝，各種形狀的星星和花環閃著亮光，雨點撒濕了商業街。那時，人們點燃聖誕蠟燭，懷念德國另外一部分的「同胞」。

這時，我在匆忙奔走的人羣當中看見了一個醉酒的人。他步履蹣跚，靠在一個櫥窗前休息，滑倒了，又爬了起來，和過路的人搭話，得到的回報只是搖頭。没有一個人在他面前停下腳步。我拿起筆寫道：

夜鶯的聖誕

他邁了幾大步，然後又趔趄了三小步，然後找到了支撐，扶在一塊櫥窗玻璃的木框上。一個行人停下，擔心地看著他，搖著頭繼續走了：在聖誕之夜竟喝醉酒！重新站住並且懷疑地張望四周。夜鶯在櫥窗玻璃上頂住自己的額頭，有些歪斜，彷彿隨時都會跌倒。

行人又退回了幾步，但只有小小的幾步，然後，從遠處，向前探著身軀，像是隔著一個障礙物，問他是否需要幫助，問他到底怎麼了？

夜鶯輕轉頭頸，身體的位置卻沒有改變絲毫，盯住喊話者放射出一種驚奇而感激的目光。

那是一位年邁的先生，還在戰戰兢兢，在離他不遠的地方，半弓著腰等他的回答。

夜鶯打量著他，從腳到頭：

一雙閃亮的漆皮皮鞋帶著護蓋，一件深色大衣鑲著厚厚的皮領和碩大的鈕釦，然而卻沒有戴帽子。

夜鶯嚇了一跳，越過了
那人弓著的全身，
一個光禿的頭直對著夜鶯的眼睛。
一時間夜鶯感到萬分擔憂，擔心
那好心的老人會得了傷風感冒，於是問道：
不怕受寒嗎，您的光頭？
一陣顫抖，老人立即站直原來繃緊了的軀身，
操起了夜鶯還沒有發現的手杖，
揚了一揚就走，嘴裏嘟著不清的話語，只有
幾個碎詞：德國、聖誕和蠢豬，
飄進夜鶯的耳輪。

陌生人再也沒有回頭，否則他就會看到，
那個醉酒的無賴，他是這樣罵他的，慢慢地
從櫥窗玻璃上滑下來，痛哭流涕跪在地上。

夜鶯這樣跪了很久，
他僵木的身體感覺不到的嚴寒，

已悄悄越過大腿爬到上身，
緊緊抓住了腰部使其麻痺，
他此時此刻反而感到舒適，
彷彿他臥在一張柔軟的床墊上面。

然而，他的心在燃燒，冒著閃亮的火光，
火光，他想，好像大樹上的蠟燭，
好像窗子上的蠟燭。
火光，火光，在他的內心吶喊，
他彷彿看到一棵樅樹開始燃燒，
一棟房屋正在燃燒，一座城市，整個世界。
一切都冒著火光，冒著火光。
他慶幸著，世界在熊熊大火之中，火光，火光。

他想站起來，
他的腿不聽使喚。
他倒了下去，但立即又直起身來，
他想跳躍，想歌唱火光。

突然一個人來到他的面前，
用手搭在他的肩膀上。

正要站起身來的夜鶯
在運動中呆住了。
夜鶯又跪倒在地上。
你爲什麼要恨，夜鶯？一個嚴厲的女聲在問。
你爲什麼要恨，夜鶯？那個聲音堅持著。
夜鶯又想哭泣，但他已沒有了眼淚。
他想逃走，但他的腿不聽使喚。
你爲什麼要恨，夜鶯，正在這個夜晚？
夜鶯在地上翻轉著身體，
然後向上觀望那個人影，
但他看不到她的面孔。
一只燈籠閃了他的眼睛，
它正好掛在女人的腦後發著光亮。
從這束光線中又傳來了那個聲音，
但這次充滿溫柔、愛憐和女性的特徵：

爲什麼，請告訴我，你爲什麼要恨？

夜鶯用手遮住了臉，然後

像得到了無限的解脫，喊道：

因爲我必須，因爲我必須恨，爲了不致遺屍街頭，

因爲我……因爲我……

他喘著氣，伸出了胳膊，

然而，那個女人——他現在看到，她還是一位少女，

長長的金髮搭落在肩上——

一步一步地退走，越來越快，

終於轉過身去，

而夜鶯還一直把胳膊向她伸去，

跪在地上向前滑動著，

她，逃走了。

夜鶯還看到，她的腋下夾著一本唱經歌本。

她跑動時甩開雙腿，夜鶯想：

她有一雙多麼漂亮的腿。

夜鶯思索了很久，站起身來，
難道是一位天使嗎？
他帶著內心的陰鬱和非禮的舉止，
還有那連他自己都覺得可笑的困惑，
嚇走了天使，悄悄地，就像來時一樣，
消失得無影無蹤。

夜鶯凝視著，
天使消失的那個街角，
他深深地感到悔恨：
他的品行是多麼陰暗，
他的人格是多麼悲慘。
他拍去褲子上的灰塵，穿好上衣，深深地吸了一口氣。
今天的聖誕之夜，天使曾降臨我的身旁，
所有的人都在歡樂，天使來到我身邊，
好讓我也歡樂起來。
他把手插在褲兜裏面，
蹒跚地走向街頭。

他雖然沒有忘記，是他趕走了天使，
但他不願再想這件事，
而且，他想，
天使都是慈悲為懷的。

夜鶯來到一座教堂。
我應當進去，他說
天使常常住在這樣的房子裏。
他按住了鑄鐵的門把，
但門已經鎖緊。
夜鶯理解地點了點頭，天使已經入睡了。
他坐在門檻上，微笑著。
他想著他的天使，幸福地長嘆一口氣，
然後就墮入了沉睡之中。
在夢中他聽到了神奇而柔美的音樂，
他前面的大門開啓了，
他的天使走了出來。
聖誕快樂，夜鶯，他向他祝賀，

快樂，快樂，夜鶯嘟噥著說，
他伸出了雙手，
天使向他彎下了腰，拉住他的手，
走向無限溫馨的封閉著的黑暗之中。

然而，事實是，當第一批人，
次日清晨走過教堂大門前時，
一位面色紅潤的市民穿著帶護蓋的黑色漆皮皮鞋，
身著鑲著皮領的大衣，但卻露著光頭，
在這酷寒中他不戴帽子，令人驚奇，
他手中拉著自己十八歲的女兒，
這是一位溫柔可愛的金髮羅裙。
他們只停留了片刻，
面對微笑著伸著雙手的夜鶯的屍體，
父女緊皺起眉頭。
儘管所有鄰人都能講述他們
助人爲樂，無私的善舉。
但，他們還是匆匆地離去。

權威的缺乏使我感到困惑。戰後的經濟重建，使我們的父輩無暇他顧，正在成長的一代只能自己照顧自己。我們茫然地站立在那裏，厭惡社會上發生的一切，但又缺少勇氣。

我第一次遇到的出版人，是一位身材修長、略有神經質的女人；我是在父母常去的酒館裏認識她的。沙伊夫哈肯（Irene Setzkorn-Scheifhacken）夫人經營一家小小的教育書籍出版社，出版品質欠佳的專業圖書，只是爲了消遣，因爲她寬宏大量的丈夫，經營一家生意頗佳的工廠。沙伊夫哈肯夫人在這家老年人常常聚會的酒館裏，特意以知識界代表身分出現。我所以沒有把她忘記，是因爲她曾異常友善地邀請我這個前途無量的年輕人到工廠別墅參加一次周日晨會，聆聽了一位陳腐的教育學教授一篇報告，題目是「權威是對無庇護的人的庇護」。

除了報告的題目，我的記憶中沒有留下什麼。但這個題目卻成了我追尋的綱領。真正的權威是透過學識、真理和人格，令人信服的。它透過令人信服的存在，創造了安全感，在那令人茫然無所措手足的混亂環境中，創造一個庇護所。這樣一種給人以庇護的權威，正是我樂於達到的目標！

然而，這個城市的日常生活，卻無法向一個受青春期折磨的年輕人，提供這樣的樣板和努力方向。空虛和無聊是當時的主調，不是權威，而是來自家庭、老師和長輩的權威性的苛求，壓抑又干擾著年輕人的成長。而我對此的反應卻不是去適應，而是固執、挑釁和逃逸。開始時，是一種本能的、感性的、不自覺的反抗。我拒絕老師，拒絕牧師的「洗腦」，我表現得極不規矩。我不再學習，我對所有所謂的尊長都給予挑釁性的回應。我從第一所學校逃出來，因爲我在歷史課上，當老師教導說「這一事件將是一個歷史性的事件」時，讓全班的同學都從椅子上掉下來。我又離開了第二所學校，因爲我在一個問答題中論述拋物線問題中的「拋出」時，寫了關於一隻小公狗和一隻小母狗交友的故事，最後的結尾當然是「拋出」了一隻小小狗來。被開除的正式理由是「性誤導」！

我站到了「大門外面」，感到失落，墮入了「必須做點什麼」的壓力之下。我不知所措地整日遊逛，就像我的藝術形象夜鶯一般，在感情上我覺得和它有很多共同之處。在外面的街上遊逛時，我感到很舒暢，這時我的激進的感情會平靜下來，這時我很自由。但我必須再回到原處去，這時我的憤怒又會變成憂鬱，變成自疑，甚至變成自恨。

開始讀書

在這逃逸的過渡時期，主要是冬季，我上夜校學習。那時早已不住在家裏，而是住在米爾海姆市的一間狹小的屋頂閣樓上，我這時的生活來源是在聯邦郵政局當信差，在一家金屬工廠作輔助工，或在建築工地幹活。

爲尋找支撐和方向，我開始讀書。就像我當初把我的全部青春投入到搭車逃逸中去探索一樣，我現在又把它投入到書籍中去了。我並不是出於自我教育而去讀書，我在苛求自己。我把自己獻給了我讀的書中。只要我在讀書，我就生活在書中。每當我讀完一本書，把書合起來時，就意味著不僅僅是我在書中遊歷了一遍，而且也是書中的故事在我內心中的一次穿行，同時也多少改變了我。

卡爾・勞赫（Karl Rauch）出版社用漂亮的布面出版的聖修伯里的《風、砂、星辰》，早在我的童子軍時代，甚至在我法律上（！）還屬於德國東部的青年時代就已陪伴著我。這位作家，這位創造了我們所有的人都喜愛的小王子形象的作者，當然還站在男子氣概、戰爭氣氛、英雄主義的傳統立場之上（「只有在鬥爭中人才能找到自己。」），這個傳統，即使在世界大戰戰敗後不久，對納粹思想稍加清洗以後，仍能得到很多教育家的容忍。所以，像我同年代的十歲孩子們一樣，仍然對能夠在戰鼓聲中行進，在戰火中高唱殖民時代士兵的歌曲，而感到興奮不已。

而恰恰是這個實際上敵視知識的作者，卻在他的《風、砂、星辰》書中的第一句這樣寫道：「大地賞賜給我們的自信，比任何書籍都多，因爲它在與我們抗爭。」正是他使我最後走向了文學，輔助我擺脫了他在書中主張的世界觀。

我開始了我的讀書之旅，首先讀的是極其普通的古典文學作品，如貝根格林（Werner Bergengruen）的《大獨裁者和法庭》和湯馬斯・曼的《魔山》。但不久，我就找到了一本書，它大大加快了我的精神旅行的速度，那就是：安德烈・紀德（Andre Gide）的《僞幣製造者》。「我從未像現在這樣充實地生活過，因爲我擺脫了自己，而成爲另一個某人！」

在我這種年輕時期，這可能是唯一可以變化自己的天地：首先，藉助書中的想像力，把自己變成另外一個人，然後在這個人中生活一段時間，最後再回到你不喜歡的現實中來，而對這種現實，你只知道它是錯誤的，但卻不知道如何去改變它，如何帶著新獲得的知識繼續把路走下去。我讀所有可以得到的安德烈・紀德的書：《背德者》、《梵蒂岡的地牢》、《田園交響曲》。一扇大門終於開啓了。

法國的存在主義，也在鼓舞著像我一樣四處遊蕩的不知所措的歐洲青年。沙特（Jean Paul Sartre）的《在齒輪中》，引導我入門。然後是卡繆（Albert Camus）的《沉淪》，這是一個由達姆斯塔特德國書社出版的裝幀精美紫色布面的版本：「不是有人建議，讓他的生活適應這個社會嗎，難道爲此目的不應該讓這個社會適應我嗎？威嚇、侮辱和警察，就是這類的聖餐。」

現在不能再遲疑了。我讀一切可以得到的現代的非德語作家的作品。卡繆和沙特的作品，最終是蒙特蘭德（Henry de Montherland）、波特萊爾（Charles Baudelaire）的《惡之華》、福克納（Faulkner）、懷爾德（Thornton Wilder）的《聖・路易・萊之橋》、海明威、多斯・帕索斯（Dos Passos）、卡贊札基斯（Kazanzakis）以及哈姆遜（Hamsun）的《饑餓》、斯坦貝克（John Steinbeck）、馬拉帕特（Malaparte）的《皮膚》、喬伊思（James Joyce）的《尤里西斯》和《都柏林人》、勞倫斯（D. H. Lawrence）的《藍色的鹿皮鞋》、亨利・米勒（Henry Miller）的《馬魯西的巨人》、毛姆（W. Somerset Maugham）的《刀鋒邊緣》以及薩洛揚（William Saroyan）等等，然而，我終於停到了一位作家那裏，而且很多年都無法擺脫出來，他就是：弗蘭茨・卡夫卡。

卡夫卡表達了一種當時我們中間很多人都具有的時代感：即（作爲德國人的）原罪，儘管我們不知道爲什麼。我們被控告，但不知道是被誰控告。我們生活在一個幻覺的世界中，並且知道這是一個虛僞的世界。我反覆讀卡夫卡所有的書，像他的小說《審判》、《蛻變》或者

《一個善於饑餓的人》，我都讀過無數次。我嘗試透過對內容的分析，深入到這些小說所特有的刻骨銘心的法則中去。我用整月的時間去體驗卡夫卡的日記。

只有兩個長句子的小說《在看台上》，向我顯示了卡夫卡所捍衛的一切，以及我和許多人，在那個時代爲什麼潛入到這位作家之中的原由。

這部小說的第一句，就以一個虛擬的「假如」二字虛無縹緲地開了篇：「假如是如此的話，假如我們能夠認識現實的話，或許在看台上的那個少年會從長長的階梯上跑下去，越過所有的座位，衝入表演場高呼：停住！……」而第二句則體現了感官上經歷的那個虛無縹緲的世界，我們生活在裏面，是虛僞的，只有漂亮的面具，因此他開頭說：「但它不是這樣的。」而結尾卻確定：「──它確是這樣的。」然後，看台上的觀衆無可奈何地把面孔伏在欄杆上，並且「哭了，卻不知道爲何」。

在那些日子裏，我是米爾海姆市立圖書館的常客。一位年老的女圖書管理員，由於身材矮小坐在一只木凳上，活動在巨大的卡片箱後面，用她那靈巧的手指不斷替我尋找新的閱讀天地。這是一次閱讀之旅，我穿過一片德國人已很久沒有經歷過，甚至學校的老師也無法進入的文學天地（在學校裏我們還在痛苦地啃著老掉牙的古典作品！），這片天地正好和我搭車旅行的冒險經歷一拍即合。我感到一種衝動，時刻想打破窗戶，去體驗遠方，去經歷一種新的、我不熟悉的生活。

然而，壓在我身上、並成爲我存在的一部分沉重的原罪，也是我不懈求索的動力。戰後的最初幾年中，我們經常整個班級被帶去看電影，看到集中營裏大屠殺的殘酷場面：堆成山的鞋子，成堆的眼鏡，運輸那些早已不成人形的屍體。我們都沉默著，因爲我們不知道，看過這些場面後，應該怎麼辦。

我內心裏升起了一種對我生活環境的恐懼：難道所有這一切都是每日和我同乘電車的那些人幹的嗎？阿多夫・艾希曼，這位一九三三年以前是一名石油代理商的集中營執行者，這時被以色列人逮到，在公衆之前暴露出他保守而庸俗的面目。這裏的每一個人不都是艾希曼嗎？我們不都是艾希曼嗎？可爲什麼那個納粹「血統保護法」的起草人戈羅布克，仍在阿登納的聯邦總理府中擔任國務秘書呢？而那個對屠殺俄國、波蘭和猶太平民負有重大責任的「夜鶯團」（這竟是一個團的名字！）和「礦工團」的團長奧伯蘭德，爲什麼又是我們的所謂經過整頓的政府的難民部長呢？真的是發生了什麼變化了嗎？難道不是包括我們自己在內的所有人仍是這個無法形容的家族的成員，這個可怕的文化遺產的繼承者嗎？

我幾乎每天都去圖書館，這期間我在一個展櫃中發現了朔恩貝納（Gerhard Schoenberner）的書《黃色的星》。我壓抑著對夜裏常常襲擊我的圖像的審慎反抗，把書帶回家去讀。我把它留住了好幾個星期，根本不管還書的期限和圖書館的警告，最後我甚至不敢再去圖書館借其他的圖書。我反覆地、日復一日地翻閱這本書，把我自己深深地投入到了書中難以想像的插圖之中。我想弄明白，到底發生了什麼事情。但我無法弄明白。那些被大多沒有面孔的穿制服的人驅趕到一起的人們，都是如此的平凡，就像我們身邊的每一個人，一名工廠工人，一名賣菜小販，一名職員，一羣孩子和母親，慈祥的老祖母。他們似乎尚未意識到將要到來的可怕的命運，正在毫無反抗地被運往他們自己的毀滅。

然而這些全都是縝密計畫並事先做了充分準備的，正像書中披露的帝國安全總局發給海牙、巴黎、布魯塞爾和邁茨保安警察和保安處的首長的電傳中所說的那樣：

「奧施維茲營（Auschwitz，猶太人集中營所在地。——譯註）由於衆所周知的原因，再次被告知，對被遣散的猶太人，出發前決不以任何模式透露會使其不安的關於他們面臨的使用（！）模式……奧施維茲必須考慮到實施最緊急的工作計畫（！），而重視遣散人員的接收和下一步的分配均盡可能順利地進行！」

這本書没有能使我繼續思考下去。但它卻使我不自覺的反抗，我對這個社會的拒絕和解脫終於賦予了更清晰的內涵。從此，我拒絕德國的一切，我自己也不想是它的一員，而對一切陌生的和非德國的卻報以開放的態度。作爲德國人我感到痛苦，我尋找另外的、陌生的身分。

當我一九六八年把全部身心投入到拉丁美洲的經歷中去的時候，這種觀點仍在我身上存在，儘管我那時也做了很多準備，以便回歸後，在那裏找到我的身分認同。

第五章　最後長旅

「瘋狂」和茫然求索的時代已接近尾聲。我已預感到，我將重新屈服於「社會」，但在此之前我還想再一次遠行。

我逐漸開始感覺到，自己是我在其中成長的那個社會的一個局外人，一個「被驅逐的人」。但我也本能地知道，我無法扮演這樣的局外人，我必須歸屬於某個地方。雖然「外面」刮著凜冽的風，我卻願意去面對它。但總懷著一個信念，就是終究要回歸故里，以便能夠在那裏獲取滋養。儘管我在過去的年代裏所得到的只是憤怒。

一九六〇年，我開始了我最後一次的搭車遠行。我想讓它成爲我那些年追尋「白馬」的頂峯。我抱著這個目的出發了。我想在這次旅行中積攢盡可能多的經驗，增強我的適應能力，以便這次旅行過後，面對日常的社會生活並嘗試過這種生活時，能在這裏，在這個冬季國度也有所成就！

我的計畫是搭車到印度去。我在父親留下的早期藏書中找到一本少年讀物：彭塞爾（Waldemar Bonsel）的《印度之旅》。這本書在我早年孩提時代，就曾激起過我這個男孩的好奇和幻想。後來，毛姆的《刀鋒邊緣》以及自行車手赫爾夫根（Heinz Helfgen）的《我騎車周遊世界》，都增强了我要到那裏去的決心，因爲我相信，只有在那裏才能找到我青春期靈魂的解脫。

在我之前，就已有其他搭車旅行的同道，經過土耳其、敍利亞、伊拉克、波斯、巴基斯坦各國到達了印度。我曾在營火旁和搭車者基地聽過不少關於這樣的旅行中的真實的和虛構的故事。現在，當我已搭車遊遍可能達到的歐洲各國以後，我感到自己已經成熟，可以進行這次長途跋涉了。但我還想順路拐向以色列去看一看，爲了在此處可以面對我的德國的過去，或許可以在一個集體莊園（Kibbutz）中勞動幾個月。

這次旅行我没有能夠到達印度。然而我尋求的「印度」，卻是到處可見！

起程

首先，這個最後的長途「印度之旅」，是以一種相當世俗的模式開場的：我的父親一直在關心著我，不希望我淪爲一個流浪漢，而這次卻用他那輛舒適的老賓士車從紐倫堡送我到維也納，在那裏我們參觀了西班牙馴馬學校的表演，然後又到希臘酒坊飽餐了一頓，最後把我送到維也納南部的公路出口處，關照了一個憂心忡忡的父親所能關照的一切，才終於放任我自己去經受旅途命運。

我當然没有把這次旅行的真正目的完全告訴他，而只是説，我想再一次到我十分熱愛的希臘玩幾周，因爲我曾於一九五七年在那裏浪蕩了好幾個月。

儘管我對父親無微不至的關懷並非不領情，但當我終於一個人上公路時，我還是歡呼了起來，興奮地展開雙臂跳起舞來，深深地呼吸著自由的空氣。我的前面只是一片朦朧，一切都無法預料。當十幾分鐘後，第一輛汽車停下來之前，我隨時都可以改變我的計畫。但我胸中的白馬開始跺腳嘶叫了。

旅途很順利。幾個小時以後我來到了格拉茨。但在這裏要想繼續前進，卻需要有足夠的耐心。爲取得當時南斯拉夫的過境簽證，我不得不和一批有同樣願望的人，連續三天在南斯拉夫總領事館忍受著繁瑣而緩慢的官僚主義和行政手續的折磨，每一個性急的正常人都會火冒三丈。

但我們卻不是這樣！我們住在格拉茨的青年接待站中，這是一座陰暗而破舊的營房，晚上坐在一家小酒館裏喝著便宜的布根蘭德葡萄酒，同時描述我們的搭車經歷並交換過夜的住址，相互警告著注意沿途不友好和不好客的居民們。

我們中的一個荷蘭人，不得不在這裏終止了他的旅行。由於我們的「接待站」每晚十點鐘就關門，而我們酒氣衝天的歡樂聚會從未在午夜之前結束過，當我們回返時，總是攀登牆外的水管回到二樓的住房。我到格拉茨的第三天就出了事故。那個生鏽的水管斷裂了。最後一個爬水管的人掉到了營房外面堅硬的土地上，折斷了腿骨。

第二天早上，我離開了格拉茨。但在這個陰雨的天氣裏，我搭車的運氣不佳。所以一直到了晚上，我渾身濕透、饑腸轆轆地又回到了那個醜陋的老地方過夜。

我想繼續前進，於是決定第二天早上乘「特快列車」去貝爾格萊德。早上七點，我就來到格拉茨車站的站台。「特快」晚了三個小時才喘著粗氣到達格拉茨。到貝爾格萊德按時刻表要走十五個小時。

對我來說，它可以走二十小時，五十小時，或者一百個小時才好！

當我這天早上把我的背包和吉他袋靠放在站台立柱時，一夥歡快的希臘大學生引起了我的注意，他們是要乘同一趟車回家的。他們笑著，談著，完全是南方國家人的性格，揮舞著手勢，哼著小調，不停地運動著。他們看到了我的吉他時，立即向我走來，要求我爲他們演奏：他們是七名活潑幽默、大約和我同齡的男青年，和一名身著天藍色緊身連衣裙的迷人黑髮少女，她高雅的風度使她成了這夥年輕人的色彩斑斕的核心。在這之前，還從來沒有人用如此烏黑明亮的眼睛盯看過我。

這夥人接受了我。我們坐進了兩個相隔的包廂。但大部分時間我們都擠在一個包廂裏，我們聊天，我們大笑。他們唱著希臘的鄉土小調。我唱起巴伐利亞的山區牧歌：「在綠色草原那邊，有一棵藍色的梨樹，呦嘿……！」

他們都來自希臘北部，姑娘來自艾德薩。他們都在格拉茨上大學，現在是返鄉度復活節。小伙子們都像兄長一樣對待他們中間那只色彩斑斕的雌性金絲雀。不久，她發現了我愛慕的目光，它已無法再離開那對烏黑的眼睛。

我們談到了愛情。我這些新朋友從他們所學的不同專業出發，十分認真地對這個題目做出了實用的、宗教的、心理學的或是醫學的解譯。而我卻在想著那位美麗的希臘姑娘，她這時已靠在車窗邊的角落蓋著一件夾克準備睡覺了。我的心跳得很厲害，甚至感到太陽穴也在跳動。我失魂落魄般地把我的心聲說了出來，使車廂中的每個人都能聽到：

「愛情，那就是兩只烏黑的眼睛！」

她拿開遮在臉上的夾克，用手指梳理了一下黑髮，久久地望著我。我覺得這是一個沒有盡頭的目光。

那些知趣的同學，一個接一個離開了這間包廂。我坐到了她的身邊，把手放到了她的圓潤的肩上，望著車窗外飛馳而過的南斯拉夫景色，真希望這列火車永遠也不要到達目的地。

但它還是到達了貝爾格萊德，雖然又誤點了幾個小時。我夢幻般地站在貝爾格萊德的站台上。她靠在車窗上，目不轉睛地看著我。這是一次目光的愛情！

火車又開動了，她還在望著，並多次把身體探出窗外，但卻飛快地離我而去。她膽怯地舉起手向我告別。在遠處，那個結著黑髮辮的天藍色影子越來越小，最終消失在天邊。我在站台上呆呆地站了好幾分鐘，直到我發現，她確實已經離開了我。

我們幾乎沒有說什麼話。她懂的德語不多，也幾乎不會講英語。我甚至沒有問她的名字！慢慢地我才又從我的夢幻中走了出來。

我驚異地站在一個碎石鋪成的站台上，周圍是大聲喧嚣和來回奔跑的人羣，有的拖著箱子，有的在擁抱，有的相互問候、相互告別，口中用我聽不懂的塞爾維亞文，高喊著問候、敍述和告別的話語。在旁邊一列火車的階梯上，我看到一位滿面皺紋的老人，頭上戴著一頂塞爾維亞農民典型的軟帽，一直拉到額頭，他一動也不動，冷漠地望著繁忙的人羣。

我幾乎用了一整天的時間，才在一艘停泊在多瑙河畔的貨船上找到了一個廉價的鋪位。然後我無目的地漫步在貝爾格萊德的大街小巷。我感到在這裏停留是毫無意義的。

午夜之前，一個小巧玲瓏的塞爾維亞姑娘把我拉到一個黑暗的門洞裏，不喘氣地吻起我來。然後我陪伴她穿過全城送她回家，她讓我在她家的門口等幾分鐘，回來後又狂吻我一陣，並塞給我一張照片，讓我等她走後再看。照片上呈現的是一名小巧的塞爾維亞女郎，全身裸露，只套了一件透明的連襪褲。光滑的長髮披過肩膀直垂到臀部。她的上唇點綴著黑絨般的髯鬚。

並不太性感，我想。後來我終於回到了貨船，短短地睡了一覺。起床後，收拾好我的東西，在淩晨時分穿過空蕩無人的貝爾格萊德，走向火車站。

三天吉他

四個小時以後，我登上了開往薩羅尼基的特快列車，靠在車窗旁聆聽著那均勻的震顫，不久就墮入了溫柔的熟睡之中。還在半醒半夢中我看到了我希臘姑娘那對烏黑明亮的眼睛。車輪在鐵軌上的每一次震顫，都使我離她更近了幾米！

在希臘土地上的第一夜，是在薩羅尼基港口不遠的一家海員接待處度過的。我過去的旅行中曾在這裏留宿過。在這間有八個床位的房間裏，整夜都能聽到來來往往的腳步聲。但當我第二天上午十點從不安的睡眠中醒來時，同房客人都已離開了這裏。

我推開窗子的木柵，一股強烈的希臘陽光洩入這個有八個床鋪的骯髒的房間。從大街上傳來了喧囂聲，那是一個熱鬧多采的菜市場。騾車馬車穿過擁擠的人流。一名賣菜的女人，發現了二樓窗裏我那張還沒有睡醒的面孔，用希臘語向我喊著，並指著她攤位上的一個西瓜。一名警察猛吹著警哨，但沒有人理會他。一輛小汽車的司機正在企圖用不間斷的喇叭聲，在無秩序的雜亂的人羣中開啓一條通道。

我深深地吸了一口氣，那是蔥蒜、鮮花、畜糞、香料、烤肉和爛菜的味道。當我看到下面這吵嚷熱鬧的生活時，一股溫馨感在我心中油然而生。我真想擁抱起這個布魯格式的市場畫卷。

「生活多美好啊！」我從窗子裏向外吼道。

有幾個人吃驚地望著我。但這時我已經去了盥洗間。剛才我又記起了那對烏黑的眼睛！我洗漱完畢，打好行裝，在那位友好的賣菜女人那裏買了那只西瓜，朝著通往加尼查和艾德薩公路的出口走去。

當天我就來到了這座希臘北部的小城。我首先打聽了對希臘的城鄉青年極爲重要的散步區在什麼地方，那是他們交朋友的地方。我就在附近找了一家便宜的小旅店，租了一個房間，然後爬到屋頂洗衣女工熨燙的地方，坐到了欄杆旁彈起了我的吉他，我始終彈著同一個曲調。

正像我估計的那樣，下面路上的行人都好奇地抬頭望我，這樣我就可以看清他們每個人的面孔。

我在等待。整整三天，我都是在陽台上彈著琴度過夜晚的。整整三天，艾德薩人抬頭看著我，而我向下看著他們。我有些懷疑了。她是說的艾德薩嗎？在這樣的燈光下，在這樣一個角度，在這樣一個距離，如果她不再穿那件藍色的衣裙，我還能認出她嗎？或許她用頭巾遮住了她的髮辮。

突然，我發現了她！肯定是她！就是她，她正和四名女友信步在街上漫步。她穿著藍色的衣裙！我喊了一聲「喂！」就衝下樓梯跑到街上。

她的女友們好奇地打量著我。她用希臘語向她們介紹著，我感到她無動於衷。我被允許加入她們的散步行列。女友們竊笑著。其中一個會講一點英語。她擔任翻譯。我問，我何時能夠和我愛慕的黑眼睛姑娘會晤，如果可能，單獨會晤？女友們又笑了起來。

「少作夢了！」那位翻譯說。我難過地不聲不響地走在她們身邊。我們三次穿過科索河。從她身上我沒有得知更多東西。她和女友們談笑著。我只是無言地跟在她的身邊，甚至無法看到她烏黑的眼睛。

在艾德薩小旅館屋頂上等待。

最後，大家分手了，她們得回家了。而且一瞬間就走光了。我在夜晚的星光下站著，渾身發冷。然後我緩慢地向旅店走去。

但那位「翻譯」突然又來到我的面前：

「是她派我來的！你必須原諒。她不能和你說話。旁邊人太多了！明天十一點在城外的花園。她會來的。你們可以談愛情。她會準時來。祝你好運！」

我還想再問一次，但她已經消失了。

第二天，我九點半就來到了城外的約會地點，注視那條通往這裏的路。我在那裏站了一個小時又一個小時。她沒有來。沒有人來，連那位「翻譯」都沒有露面。

我當時的感覺不是悲傷，不是憤怒，而是從夢中的甦醒：過去的一切都那麼溫馨，那麼圓潤，那麼色彩斑斕，我覺得沒有什麼是不可能的。一切都在可以獲得的範圍之中！難道這就是愛情？

我蹣跚地回到城中，饑餓在折磨著我。

我在一家小酒店裏要了一份烤肉三明治和一杯葡萄酒，這時一個比我稍大一點的年輕人來到我的桌旁，用英語自我介紹說他是學建築的大學生。

他問我和她（他向我說了一個很長的希臘女人的名字）有什麼關係。問我是不是她的奧地利「男朋友」。我問他，這同他有什麼關係，這時我發現，我又忘記問那個姑娘的名字。

「你是不是餓了？」他岔開話頭問。

「來，我邀請你到我母親那裏去。她會給你燒一頓真正的希臘晚餐。來，你是我們的客人！」

我跟隨著他，遲疑地、饑腸轆轆地，但也很好奇。

「你必須知道，……（他又說了那個長長的女人名字）是艾德薩警察局長的女兒！」在前往他母親的路上，他給我解釋說。

「涉及他女兒的事，他全都知道。你不是想會晤她嗎？他今天一早就把女兒和一名女友送到了他的鄉間別墅去了，那裏離艾德薩有三小時的路程。」

「她什麼時候回來？」

我的東道主聳了聳肩膀。

我在艾德薩又整整停留了一個星期。我認識了很多他的朋友，而且到他們家中去作客。幾乎每一個人都知道我在小旅店陽台出現以後的「故事」。還有人講述了一個年輕的奧地利人在前往貝爾格萊德列車上的羅曼史。

在這個小城中是沒有什麼秘密的！

我要繼續旅行的日子到了。我終於又站到了公路上。一輛搖搖晃晃的卡車把我帶到了培拉（Pella）。在這裏我什麼都沒有做。我在等待，一個小時又一個小時。

培拉曾是亞力山大大帝的駐地。除了這位希臘偉人的幾件破茅屋和宮殿的牆基以外，就什麼也沒有了。我無聊地走過這個當年世界中心的牆基遺址，沒有獲得什麼宏偉的感覺。當然我對這個地方以及其歷史意義也知道得很少。

所謂亞力山大的浴池，是一個二到三公尺深的四方基坑，裏面注滿從一個地下泉中流出的清澈的山水，它的底部已佈滿了迷信的過路人投入的硬幣。雖然季節還早，但中午的陽光已把這裏曬得暖洋洋的。四周遠近看不到一個人影。

我脫掉衣服，一絲不掛地跳入亞力山大的浴池之中。池水徹骨的冰冷。我在裏面翻騰著，嘗試潛到底部取出幾枚錢幣來。但我没有成功。池底的水更冷了。當我又浮上來時，我差一點嚇死。十幾名全副武裝的士兵包圍了浴池，把手中的步槍對準了我。他們把我從水中拉了上來，就這樣塞上一輛軍用卡車。我呼喊，我掙扎，才至少爭取到讓他們拾起我的衣服和行囊放到車上。在開往一個軍營的路上，我才被允許又穿上了衣服。

費了好幾個小時，我才對一名會德語的軍官說清楚，我既不是共產黨的間諜，也不是從阿爾巴尼亞派來的搗亂分子。最後他們放了我。我洗澡的地方原來是軍營飲用水的水庫！

薩羅尼基城我是在當天晚上到達的。我又去了十天前去過的旅店。這裏的一切似乎比原來更骯髒更荒涼了。第二天清早，我離開了這個城市，甚至没有回頭看它一眼。「白馬」又開始揚蹄嘶叫了。我將面臨的是鄉間公路，朦朧不知和風險。我鼓起勇氣和希望，向著滾滾的車流，伸出翹起大姆指的右手。

一輛搖搖晃晃的破卡車停了下來。我爬進了駕駛室。雖然車窗都敞開著，但在司機和旁座中間的柴油機馬達散發的熱氣，仍讓人難以忍受。身著一件破舊運動衫的小鬍子司機，吃力地坐在座位的前沿，不斷用一塊骯髒的毛巾擦拭著臉上的汗水。

走了幾公里以後，路旁又有一個搭車者要求上車。司機把車開到邊上，揮手讓他上來。我生氣了，一方面由於車中無法忍受的高溫，另一方面，在偏僻的公路上，搭車者之間都是寃家。我下車了，讓那個新來的坐在裏面，靠近滾熱馬達。我們又走了一個小時，大家一言不發。在馬達的轟鳴中實際上也無法交談。

這輛古老的卡車喘著氣爬上了一個高坡。大路從這裏直通一個山谷，那裏有一條小河，和一座只能開過一輛車的小橋。河對面的路也是逕直通往高處。

我們的車終於提高了速度，從對面也有一輛卡車加快了速度向我們開來。看起來，似乎兩位司機都有意首先通過那座橋。誰也不減低速度，相反，我們距離那段窄路越近，我們那位拚命的司機開得越快。我們兩個搭車同伴第一次相互看了一眼。然後再看我們的司機。他滿面汗水緊張地握著方向盤，看來是下定決心，要這樣開下去。

兩輛卡車以毫不減弱的速度接近著，離小橋同樣遠近了。走近以後我們發現，我們這個方向的路面斷裂了一塊。我閉上了眼睛，設法在車窗和儀表盤之間找到一個可以抓往的地方。「愛情之後，就是死亡」，我想。隨後就是一陣呼嘯，緊接著是一個短促的碰撞聲，左邊的反光鏡從車窗飛了進來，然後就是一聲咕隆。車子偏了一下，彷彿在我這一邊駛入了一個坑裏。然後我們又開上了上坡的直路上。我們坐的這個怪物，喘著粗氣爬到了最高點。司機才把車子停了下來，身體靠在座背上，開始用他那塊髒毛巾擦乾他的上身。

我們兩個搭車者像石頭一樣坐在那裏好幾分鐘。然後我們突然對司機吼了起來，他用英語，我用德語。問他是不是著了魔？問他爲什麼不及時煞車？

那個可憐的人悲傷地看著我們，又挪到了座位的前沿，然後反覆用腳踩了踩煞車踏板，我們只聽到了幾次金屬碰撞的「格楞」聲音。

我們兩人筋疲力盡地爬出車廂，倒在路旁的草地上。友好的，拚命的司機沒有帶上我們，把車開走了。

戴維．賴斯特是來自美國西雅圖的大學生。他是美國大學生的原型，沒有人比他更典型了：高大強壯，剪得高高的褐色頭髮，滿臉雀斑。他身穿一件伐木人的花襯衫，牛仔褲和運動鞋，這種日常的服裝，在十年以後成了我們每一個自由青年的基本服裝模式。

戴維已經結束了他的學業，現在開始歐洲的搭車旅行，從西班牙到土耳其。我們變成了朋友，不僅在這次旅行中，而且一直延續了以後的好多年。不久之前，我們還一起坐在布達佩斯一家地下酒家裏對飲，兩人都已經快六十歲了。

我們當時決定，在我們剛剛「大難不死」以後，共同繼續我們的旅行，或者規定好當天的目的地，晚上在那裏會合。

情況好極了。我們特別要感謝很多希臘人，他們都是前往伊斯坦堡的墓穴教堂，和那裏的希臘正教教長共同紀念基督的受難和復活。我們一路順利，兩天半以後又見面了，在伊斯坦堡的跑馬場附近，我們住進了一家整潔的小旅店。

當天晚上，我們也步入到成千上萬希臘信徒的人流之中，他們手中擎舉著點燃的大蠟燭，聆聽著希臘教長和他的彌撒教士優美但單調的聖詩。彌撒結束以後，從教堂中湧出來的人羣，高喊著：「基督贖罪！」相互擁抱親吻，這時我們兩人感到和這些信徒是如此貼近，好像已是他們的一員。我們這時也很願意受到擁抱和親吻，當然最好是那些年輕的信徒姐妹們，這是可以理解的！

在土耳其旅行中的搭車友戴維・賴斯特。這是幾年以後，
他到瑞士施威茨學校看望我。

在土耳其相識35年後，1995年與戴維在法蘭克福書展重逢。

重新前進

在金角灣畔這座迷人城市生活的日子，像土耳其蜂蜜一樣融化殆盡了：我們多次參觀了托波卡皮宮（Topkapi）博物館，我們登上了藍色清真寺的塔頂，我們長時間地坐在加拉塔大橋旁阿赫梅蘇丹清真寺的台階上（這裏是從歐洲來亞洲以及從亞洲到歐洲搭車旅行者的集散地），我們在這裏聆聽他們的建議和警告，以及他們深奧的哲學。我們看漁夫捕魚，然後在加拉塔橋下的飯店裏品嘗他們的美味成果。我們讚嘆那些矮小瘦弱的腳伕，他們藉助背上的一根皮條，馱起桌子、椅子、櫃子、沙發以及整個家什。

我本可以在這裏再住上幾周，但公路和遠方在呼喚。再加上戴維吃不慣土耳其的飯食，整日都不能離開廁所太遠，已經準備要告別這個難以消化的國度。我盡可能用我隨身攜帶的黃胺輔助他，但最終也用光了。我們共同遊城的時候，他總是突然消失在小店鋪或飯店裏，然後過了長長的一刻鐘，才又面色蒼白地走出來。

這一天終於來了，我們兩人都想再去碰碰我們的「搭車運氣」，我們分手了。戴維想搭車去布爾薩，如果身體狀況允許的話，還想盡快地返回希臘。我仍然堅持走去印度的路，一大早就上了輪渡，越過博斯普魯斯海峽，一個小時以後，我有生第一次踏上了亞洲的土地。

誰會想到，我在不久的將來也追隨了戴維的足跡，而且出於類似的原因，只不過是在更困難的情況下，回到了希臘。

好，我現在來到了東方的土耳其，從表面看同另一面的差別是微乎其微的。我站到了俞斯克達（Üsküdar）城的出城處，儘管我已經知道，土耳其司機都要求搭車人支付報酬的，而且也準備了對策，就是告訴他：「我是德國大學生，我不付錢！」，但停在我面前的第一輛車卻是一輛「華沙牌」的波蘭貨櫃車。

「你，德國人？」一副疲憊的沒有刮鬍子的面孔問，我給予了肯定的回答。

「你，有駕駛許可？」我又給予了肯定的回答。

「拿出來！」他下令。我掏出了我的駕駛執照。他用手指夾著翻看了兩遍。

「好，上車！」他移到了副駕駛的座位上，然後告訴了我排檔和煞車的位置，把上衣捲成了枕頭，放到了頭下，閉上了眼睛。

「你開，去安卡拉！」他嘟了一句，然後就立即墮入了聲息頗大的沉睡中。

於是，我坐到了我不熟悉的車子的方向盤後面，在我面前是五百公里的公路路程，而且是在一個我不熟悉其交通規則的國度裏。我雖然三年前就拿到了駕駛執照，但除了在駕校開過十二個小時以外，就沒有什麼駕駛經驗了。儘管如此，我搭車經歷中的這個轉折，還是使我很高興。僅僅換了一個模式，就已令我開心。我小心地換檔，慢慢地把車開動了起來。半個小時以後，我的緊張就消失了，我開始吹起一曲小調。

經過十個小時的行駛，我把那個波蘭人，他的卡車和我自己，安全地送到了安卡拉。那個司機，是衆多從歐洲往德黑蘭運送汽車的司機中的一個。從德國也有不少這樣的卡車行駛在這條路上。我的這個「司機」還願意把我帶往德黑蘭，我們可以直接開去，路上輪流開車。我婉拒了他，因爲在安卡拉我得去辦以色列簽證。

那時，以色列在安卡拉沒有大使館，只在那裏設有一個官方辦事處。他們主任雖然連續幾天穿著睡衣和不乾淨的晨袍，多次在辦公室裏接見了我，但卻不能給我辦理去以色列的簽證。他建議我到塞普路斯的拉拿卡去試一試。他說這是唯一的出路，那裏有開往以色列的貨船，或許會帶上一名遊客。

我又站到了公路上。而且是一條十分偏僻的公路，它位於安那托爾鹹海岸旁，沒有什麼好的車輛會從這裏經過。在到達鹹海的土茲格魯附近之前，我藉助我用土語拒絕付錢的原則和司機笑容可掬的態度，一切還算順利。但現在我站到了荒蕪的海岸邊，而且周圍沒有一絲動靜。沒有汽車，公路筆直地通向兩端的地平線。

我哼起一曲小調，又把行囊重新整理了兩遍，甚至到路中間跳起了舞，修剪了腳趾甲。如果有汽車來，在我看到以前，我是會先聽到聲音的。這時我趕緊把東西收拾好，站好位置。可每次都是「呼」的一聲就飛馳而過，我會很長時間還能聽到馬達的轟鳴，然後又是那絕對的寂靜。

有一次，來了一輛來自科隆的福特陶奴斯轎車。它在我面前駛過幾百公尺後停住，又倒了回來。一名來自科隆的遊客和他的圓胖的母親，從那輛塞得滿滿的車中鑽了出來。他們問了我的情況，還從暖瓶中給我倒了一杯熱咖啡，然後祝我順利，並一再道歉他們不能帶我，就又開走了。

最後，當夜幕不聲不響地降臨時，終於使我從這個荒原中得到了解救，一輛車廂中已裝著十幾名土耳其客人和行李的卡車，也讓我爬到上面找了一個位子，儘管我說了我那句漂亮的拒絕付錢的咒語，但司機還是從我這裏摳走了幾個里拉。

車廂裏冷得厲害。後來到了午夜時分，當卡車顛簸在陰暗的山谷中時，我才有機會進入已空出一個位子的溫馨的駕駛室中，逐漸融化了我僵硬的身軀。夜行的途中我們多次停在小茶攤前，露天喝著又甜又熱的土耳其茶（Cay），就著粗粒海鹽吃著煮得硬硬的雞蛋和土耳其麵包。

清晨，我們到達了阿達納，我立即和幾名土耳其同路人找到一家大車店安歇了。剛要入睡時我就感到了：我胃部下方像有一只堅硬的拳頭壓迫著肋下小腹。但我太累了，沒有在乎這個症候。我在疲勞中沉睡了過去。當第二天中午我醒來時，已是滿身汗水，費了很大力氣才挪到客店骯髒的茅廁。我也得了土耳其腹瀉症。

我帶的藥品已被戴維生病時用光了。而且在土耳其卡車上夜行山區時，我還得了流行性感冒。我的情況不斷惡化。

進入大車店要經過一個大門。在過去放牲口的四方院子裏，現在放置了幾百個容器，有些裏面還開著花。客房分雙人、四人和八人幾種，都在二樓，周圍是一圈木造的帶篷陽台。人們從這裏可以進入房間。

這個古老破舊的陽台的內側，安裝了一圈粗大的洩水管槽，房子兩旁各有二到三只極難關緊的銅製水龍頭，裏面流出的水直接洩入管槽中。每天早上，人們就從房間裏出來和其他客人一起洗臉或洗上身。

到茅廁我必須在陽台跑上半個房子的距離，跑到房子的前角，然後從這裏跑下木製的樓梯，再順著牆往回跑到房子的另一角，才能進入臭氣熏天的廁所裏。

我在這個大車店度過了十個發燒的日日夜夜。肚子裏一不舒服，就得往廁所跑，然後再氣喘吁吁地緩慢地爬上樓，回到我那張難以安睡的臥榻上，身體越來越虛弱了。

我已經沒有時間概念，分不清白天和晚上。發燒和夢幻使我陷入了另外一個時空，一個沒有窮盡的時空。在這無邊無際的時空裏，只能聽見附近清真寺塔頂上呼報祈禱時刻的人單調的「萬物非主，唯有真主」叫拜的聲音，它賦予這夢幻時空以獨特而超俗的資訊。

十天後，我的身體回復到可以自己走到水龍頭的地步，這麼長時間以後，我第一次稍微梳洗了一下，換了乾淨的衣服，離開了客店，想買一點清淡的食品吃。這十天裏，我幾乎只是喝了清水，消瘦得不成樣子。

我買了一隻小雞，想找個地方熬湯，還買了一點麵包。但當我離開小店時，那個多日來控制我的無限的時空又抓住了我，我只好坐到了地上，才不致摔倒。

一個年輕人扶我站起來，並拾起從我手上掉下的小雞。當我用手勢後來又用英語對他描述我想用這隻雞做什麼時，他友好地扶著我的胳膊緩慢地帶我來到他的家中，他的母親爲我熬了一鍋美味的雞湯。

我又在這個好客的家中待了四天，他的母親想方設法照顧我，使我盡快恢復體力。在這裏我得知，從美辛乘船去塞普路斯，再轉向以色列的計畫，是無法達成的。因爲土耳其爆發了「革命」。軍人奪取了政權，正在全國通緝門德雷斯總理。而且邊界也已關閉。誰想離開這個國家，都將受到長期監禁的處罰。

接待我的主人有些憂慮不安了，因爲他們未經許可也未做報告而收留了一個外國人。他們建議我到美辛去，從那裏可以乘船去伊斯梅爾或伊斯坦堡，在那裏離開土耳其的可能性要比這裏的東南部多得多。

我接受了他們的建議。當天我就找到了美辛港口的船代理，提出了我的願望。他說，兩天後將有一艘從以色列來的客船「馬馬拉號」在這裏靠岸，然後經過阿拉尼亞、安塔里亞、費蒂耶直駛伊斯梅爾。我只花了十四點八馬克買了一張甲板上的三等船票，在一家小旅店等了兩天，爲恢復體力，這期間我幾乎只是睡覺。

後來開始的航程，帶來了我對我的「印度之旅」所期望的一切：羅曼蒂克的銷魂、人性的接觸、幻覺的圖像風光，高山、大海……

一個以色列人

這些日子深刻的經歷所以成爲可能，無疑是和我身體的虛弱以及由此產生的高度敏感有關。我非常清醒，能體驗到我周圍發生的一切：海水向船體濺出的每一股水柱，一個失眠旅客的每一聲咳嗽，海鷗的每一次呼叫。時間順序消失了。我們生命之旅中一向憑藉的平面的前後次序已不復存在，所有這一切都同時發生，而我也可以同時感受到。

黃昏時分，我們的船從美辛起航了。我在前甲板上找了一處避風的位子，把東西盡量放好，然後就等著甲板上安靜下來，和我同住甲板的旅客，大多是土耳其的農民和他們的家屬，他們也都鋪好了睡覺的場地。過了一會兒，我輕手輕腳地走到船身中間，從一個露天梯子爬上了頭等艙的甲板上。我在這兒拉過一把躺椅，放到煙囪屏蔽的地方，坐在那裏觀望著周圍的夜色。

在輪船馬達單調的轟響中，馬馬拉號客輪緩慢搖擺著進入了航道。一輪幾乎圓滿的明月照耀著陶魯斯山藍灰色的輪廓，我們的船正緩緩而躊躇地在它身旁駛過。和風徐徐地吹著我當時還存在的頭髮。我感到幸福。我享受著這一瞬間。周圍的空間變得博大而無邊際。大海撞擊船梆和對岸岩石發出的撲撲聲，對我恰似音樂的旋律。

從船艙內也傳出了音樂。從船艙酒吧裏，斷續地飄出一個女聲不斷重複的歌唱，它忽高忽低，忽而低沉，忽而尖叫，隨後又是土耳其樂器奏出典型的肚皮舞的旋律。

我在陰影的遮掩下打了一個盹兒，或許是陷入了沉思，這時女歌手突然出現在甲板的欄杆旁，把她最後一組旋律拋向了近旁默默無言的陶魯斯山峯。

一個男人的身影，手中拿著一枝鮮花走近那位歌興未盡的女士。像在歌劇舞台上一樣，這位紳士弓下了腰，把鮮花獻給了女士。然而，女士並未接過鮮花，而是對那個男人傾瀉了一場越來越快、越來越響的話語風暴，最後奪過鮮花扔到了身後，恰好落到了我的腿上。

我不敢喘氣，但我卻欣賞了這場失意情人的滑稽表演。而那位漂亮的女歌手，我在黑暗中估計，她會是很美的，留在甲板上，傷心地哭泣起來。

我想，這不過是一場做戲而已，不是真實的，但同時卻在內心展開鬥爭，我是不是應該站起身來把她抱在懷中。並不是我在頭等艙範圍的非法逗留使我沒有這樣做，而是我怕會步前面那個男子的後塵，遭到同樣乃至更難堪的命運。我没有動，只是手中握著那枝吐香的鮮花，靜坐在我的遮蔽處。等到那位女士哭完，又消失在內艙以後，我才走向欄杆，把那枝芳香的紅玫瑰，一瓣一瓣地扔向大海。一陣傷感向我襲來，我錯過了一次愛的機會。

第二天早上，當我從躺椅上醒來時，太陽已經高高懸掛在天空。一名金髮藍眼的年輕人，靠在欄杆上觀望著我。

「你在這裏幹什麼，你不是甲板上的客人嗎？」

這個人穿著帶有金鈕釦的深藍色的制服，所以我想他可能是一名船員，於是開始辭不達意地回答他的話。他笑了，並且向煙囱後面的人喊話，他用的是一種我從未聽到過的語言，但它絕不是土耳其語。又有四、五個二十出頭的青年男女出現了，他們笑著觀察著我。

「不要怕，我們不會出賣你的！」那個金髮青年又用英語對我說。

「你吃飯了嗎？」我做了否定的回答，但一直還有些不自然。他們把我帶到了餐廳。我懷著惴惴不安的感覺跟著他們。

「這是一個朋友！」金髮青年對服務生說：「把我的早餐給他拿來！」

在這船艙裏面還有另外一批人，正在喝著茶，聚精會神地進行著嚴肅的談話，我這個新的「朋友」不時地也插上幾句。

「你們講的是什麼語言？」我終於大著膽子問道。金髮青年轉過身來對我說：

「我們講的是新希伯萊語。我們是以色列大學生，純粹的『沙伯拉斯』（Sabras）。你知道什麼是『沙伯拉斯』嗎？」他沒有等待我的回答：「『沙伯拉斯』是一種帶刺的厚肉植物，也就是仙人掌之類植物帶有芒刺的甜果。在以色列，我們稱在那裏土生土長的爲『沙伯拉斯』，因爲他們對外鋒芒畢露，而內心裏卻是柔軟而甜蜜的！那麼，你呢？你的英語不像英國調，你是從哪裏來的？」

我愣住了。這正是我所懼怕的那一瞬間。也正是爲此我才想去以色列。「荷蘭人！」我的腦子裏衝出了這個主意。「我是荷蘭人！荷蘭人有時英語也講不好，他們也會講德語！」我出門旅行時常常說自己是荷蘭人，我怕討論德國人的性格或者德國人軍國主義的精神。「我從荷蘭來，我從荷蘭來！」我的內心這樣呼喊著。一種恐慌控制了我，似乎我是一個罪人——我，這個消瘦的搭車旅行者，多年來一直逃離他不幸的祖國，只因爲他無法忍受那裏壓在每個人，他的父母，他的鄰里，他的權威身上的罪惡感。「我從荷蘭來，我從荷蘭來！——鬱金香、乾酪、安娜·弗蘭克！不！」

「我是德國人。我是德國人！」在我內心裏發出了回聲。我第一次承認了多年來一直躲避的負罪的意識，而且是如此的簡單。「我是德國人！」這雖然不好聽。這不是在說「我是一個希姆來，一個海德里希，一個艾希曼，一個科蘭」嗎？這不是在說，我是一個必須永遠帶著烙印的德國人嗎？那是德國人對猶太人犯下滔天大罪而留下的烙印。我坦然地承認了這一點，找到了我自己的位置，儘管它是不輕鬆的，更不是令人慶幸的。

下午較晚的時候，他來到我所在的前甲板上，那個金髮的土生土長以色列人。我們站在欄杆旁很久，誰也沒有說話，只是望著泛白的海水。

「我的父母一九三八年逃了出來，」他突然開始講話了：「他們本來在呂內堡開了一家漂亮的藥店。我們家庭的其他所有成員，都被殺害了，祖父、祖母、叔父、嬸母！」

我頭腦中出現了《黃色的星》中的圖像：祖母們、叔父們、嬸母們正在被運送的途中！他又沉默了。我們注視著大海。我們在一起的幾乎全部時間，在船上和後來在伊斯梅爾同住一個房間時，我們都是沉默的。我們都喜歡對方。我們相互吸引著。但我們無法克服在我們之間存在的隔閡——我是德國人，他是猶太人！

他是第一次離開以色列外出旅行，也是第一次遇到一個年輕的德國人。在我們相識的這一周裏，他曾對我說過，假如我是一個年紀大的德國人，問題對他可能會更簡單一些，可現在……

由於船上不供應適合猶太人的潔淨的餐食，他總是把他的飯菜給我端到前甲板上來。他坐在我的對面，但卻不看著我。到了晚上，我們長時間並排坐在我最喜歡的客輪煙囱的陰影下，凝視著大海。

我多想向他講一講我自己和我的生活，但我一想起要說的詞語，就總覺得它有些自負和像是在辯解什麼。「可爲什麼而辯解呢？」我又想，而且對自己很是氣惱。他有時也想開口說話，但始終沒有說出來。就這樣，我們都停留在我們的思想裏，在我們之間懸浮著那個重負，直到五十年後的現在仍無法確認新的生活。

奇特的夢

我們在阿拉尼亞靠岸了。我們有時間上岸。於是，以色列的大學生們決定到城郊的高山上去觀光。在公元前二世紀，海盜曾在這裏修建了一座要塞。大約一百年以後，公元前六十二年，羅馬人派遣了彭佩烏斯和他的大軍，來這裏征服危害整個東地中海貿易的海盜。在中古時代末期，賽爾德舒肯蘇丹阿來丁・凱庫巴德攻佔了這個小城並擴建了它。

我加入這羣大學生中間，登上了這座歷史名山，坐在附近光禿的小山頭的一塊突向藍色地中海的岩石上。以色列人開始用他們的語言熱烈地討論起來。我坐在稍離他們的地方——於是，一件怪事發生了。

我打起盹來，並做了一個夢。

山岩在我面前開啓了，我見到了一個圓形的深坑。在這個深坑的壁上，我看到了各個時代的騎士、士兵、戰車和軍人！一切都在運動著。所有的人似乎都在做著他們時代的事情：格鬥、刺殺、射擊。我觀察著這個地球的歷史演變。我同一時刻看到了現代、中古和遠古的人們的糾紛和爭戰；看到人民的苦難，失敗和凱旋，痛苦和歡樂，希望和失望。

我看到了，我也突然理解了。我知道了人類迄今爲止在幹些什麼。我理解了歷史的法則，理解了生活的法則。

在我身上發生了什麼？我所看到的那些圖像突然又消失了。同來的人已往回走，我昏昏沉沉地站起身來，趑趄地跟在那些人的身後回到海港。

真是難以形容！或許是病症後的體弱和敏感而出現了幻覺。生活確是極清晰地向我展示了它的真諦。我回到馬馬拉號客輪時，完全變成了另外一個人。在以後的幾個小時裏，我像一個陶醉的酒鬼，坐在前甲板上，思考著我剛才的經歷。在我身上發生了什麼？這不可能只是一個簡單的夢吧！它遠超過了夢。它抓住了我的心，改變了我。這必然是一種回憶，一種對我曾「知道」的事情的回憶，一種原始回憶。

我無法解釋，更嚴重的是，我無法把這個徹悟描繪出來。它出現了，但我無法表達它。它是不可言喻的。我領悟到的，是位於語言以外的東西，我不能給它定位。

從這時起，我只是明確地「認識」了，生活有它自己內在的法則。從這時起，我「認識」了，生活不是無意義的，也不是破壞性的，而是追隨自己的規則，而我們正是應該去探索和去認識。

不管在阿拉尼亞山上的經歷是如何發生的，而且即使過了多年的今天，講起來仍是令人難以置信；但阿拉尼亞山上的景象或者幻覺對我來説，卻是一次多年來一直影響我的關鍵性的經歷。在我這一生中，我始終在探尋著阿拉尼亞景象的真諦。

我們的旅行還在繼續。我們又在安塔里亞、費蒂耶、布爾薩靠過岸。到了第四天我們終於到達了伊斯梅爾。

那位呂内堡人和我住進了一家小旅店，我在伊斯梅爾到處打聽，想瞭解離開這個被佔領國家的途徑。我找到了一種可能性，就是透過距伊斯梅爾八十公里的一個半島切斯莫，從那裏到希臘的島嶼切尤斯只有十一公里的路程。

我決心要去試一試。我的以色列朋友站在旅店的樓梯上，我們沒有告別，沒有相互祝福，也沒有互道再見。我就這樣走了，他注視著我消失在下一個街角。我們再也沒有見過面。

我上了一輛小巴士，裏面裝滿土耳其人和他們的動物：山羊、綿羊和雞，再過幾個小時，我們就到達了切斯莫。我把上車衝鋒時爭得的位子讓給了一位土耳其老人，然後就只好賴擠在過道中的箱子和口袋之間隨車搖擺著。

大約走了四十分鐘，距伊斯梅爾十八公里左右的地方，我們這輛老爺車的馬達就開始發出火爆聲了。又走了幾百公尺，它就拋錨不動了。車中的旅客立即和他們的動物一起衝出車外，想看一看司機如何讓這個冒著氣的怪物再走動起來。很快就發現，原來只是司機忘記了加油，於是大家耐心地望著司機拿著一只五公升的大酒瓶，步行回伊斯梅爾去彌補他忘記了的事情。

我的神經破裂了！我暗自一算，這一停至少要花費我五個小時的時間。我看了看這條柏油路，堅信這樣一個不長的距離，如果搭別的車走也會在這個時間裏到達的。我立即追上那位悠然自得往回漫步的司機，激動地要求他退回車費。至今我還記得當司機從褲兜裏掏出相當於二點八個馬克的土耳其其幣時的他那不解的目光。我滿意地把行囊背到肩上，手中拿起我的吉他，滿懷希望地向著我的目的地方向走去。

天開始下雨了。一、兩輛汽車從我面前駛過，然後就是寂靜。走了幾公里以後，柏油路到頭了，接下去是一條正在變成泥漿的土路。我費力地向前走著，仍然希望著，總會有一輛卡車或貨車幫我加快行程。我的對面走過來一個由駱駝和騾馬組成的商隊。

「按賽兩目而來坤（您好）！」騎著一頭毛驢在前面接引的商隊首領向我問候。我立即回敬道：「按賽兩目而來坤！」

周圍的景色開始發生變化。泥濘道路的兩側升起了紅褐色的土丘。黃昏逐漸來臨了。我突然來到了一個聖經中描繪的景象。路兩側隆起的陰暗的土山後面會有野獸嗎？我是不是還走在通往切斯莫的路上呢？或許我已經在一個什麼地方誤入了歧途？

一陣恐懼向我襲來。我不再慢走，我開始跑了起來。突然，我看到面前出現一個閃爍的火光。我繼續跑，一直向著火光的方向，最後發現那是一堆篝火。我筋疲力盡地走向火堆。這是商隊的營地。我走近時，一隻狗開始向我吠叫。守護篝火的人向我問候一句「按賽兩目而來坤」，我無聲地坐到了篝火旁。我從背囊中拿出一塊乾乳酪。他遞給了我他的水囊。我鞠了一躬表示感謝。隨後打開睡袋，蓋上了我被澆濕的身體，陷入了無夢的沉睡之中。

我第二天醒來時，已是孤身一人了，商隊早已開走。篝火的餘燼還在燃燒。我捲起睡袋，收拾好東西，去尋找我的路。我很快就找到了那條軌跡斑斑的鄉間土路。帶著對夜間聖經式驚險的喜悅，我又上路了。

不久，大約十一時左右，我發現了一個村莊，決定在這裏吃我的早餐。每一個土耳其村莊都有一個聚會點，所謂的「咖啡店」，人們可以在既能遮陽又能遮雨的棚子下，坐在幾個搖晃的椅子上，靠在同樣搖晃的桌旁買一杯茶，煮得硬硬的雞蛋，蘸點兒鹽再加上一塊麵包。我在這樣一家鄉村咖啡店放下背囊，要了茶和雞蛋，然後向靦腆靠近來的村童打聽可有去切斯莫的巴士，同時對靠我最近的孩子指著我手錶的指標，要求他們告訴我開車的時間。「四點」，他們一致回答，後來的行路人也驗證了這一點。我開始清洗被雨水澆過的我的旅行用品，寫下我的旅行日記，並且不斷地向剛來咖啡店的人伸出手錶詢問開車時間。

「巴士，切斯莫？」「四點」，是衆口一致的答覆。

已是三點了，已是四點了，已是五點了。

「巴士，切斯莫？」我問得越來越勤了。最後我抓住了一位老人的胳膊，看來他是本村有聲望的人。但他也指著我手錶上四點的位置上。

「四點，四點！」我忍不住高喊道：「可是，它在哪兒，你們的巴士？」

那位老人說，四點鐘它已經來過了，但在離村子一公里的外面，在那裏通往切斯莫的公路上它已經開走了！我憤怒地背上背囊離開了這個「愚蠢」的村莊。我又沿著這條泥濘的道路前進。天又下起了雨。

我來到了一座小房子，裏面住著十幾個士兵。我坐到了他們在屋前點起的篝火旁，喝了他們遞給我的一杯茶。

夜降臨了，他們邀請我在他們這裏過夜。房子裏面只是一個房間，一張桌子和一把椅子。我接受了邀請，因爲昨夜的經歷使我認識到，至少應當在一個乾燥的地方睡覺。

屋外的篝火燒盡以後，我們進入了房子。我開啓了睡袋，安歇了。但這是不可能的。還沒等最後一支蠟燭熄滅，一陣奇特的喘氣的聲音響了起來。接著躺在我身邊的一個人就開始拉扯我的睡袋。然後是第二個，第三個！我知道發生了什麼事情。我趕緊用拳頭抵擋著，鑽出睡袋，然後抓起我的物品，逃出了房子。

我又開始行進在這夜色朦朧的聖經式的景色之中。天又下起了小雨。雨點像淚水一樣，在我的臉上流淌著。

這時我聽到了汽車的轟隆聲。我看到了車燈，一會兒在這裏，一會兒在那裏。我像發瘋了一樣搖晃著奔向泥濘的山丘。這是我離開此地的最後一次機會。但道路在何方呢？我還從來沒有像這時這樣恐慌過。如果這輛車再次錯過，在這樣一個荒涼的地方，我是絕無可能活著度過這一夜的。我左右奔跑著，直對著緩慢駛近的汽車車燈的方向。我終於站到了耀眼的車燈跟前，揮動著胳膊要求司機停車。

車停住了。司機下了車走到我的面前。這正是我曾激動地離開的那輛巴士；還是同一個司機。他悲哀地看著我，搖著頭，然後帶我上了他的車。車內空空的。他讓我坐在後面的座位上，用毯子蓋上我，並給我一塊乾酪，然後才開動汽車。

清晨一點鐘，他把我送到了切斯莫的一家旅店門前。我搖晃著走了進去。當我躺倒在床上時，我發現床的四腳都放在裝滿水的罐頭盒裏面。但我太累了，無力再去思考這個問題。我疲勞地在這個駐滿臭蟲和蝨子的床上入睡了。

我用了三天時間，找到一個漁民，我支付了一筆當時對我而言很可觀的費用，他在夜裏把我送到了切尤斯。

一個階段的結束

同一天我又乘船去雅典：又是「甲板位子」，但這次卻沒有可能再爬到一等艙去。因爲船上沒有一等艙。到達皮雷烏斯要航行十一個小時，我同所有的乘客都保持了距離。因爲我全身都是蝨子。此外我還得了類似敗血症的牙齦炎，嘴裏放出一種難聞的氣味。這還不算，我的腸胃也不甘落後：我以爲已經痊癒的「土耳其症」又要捲土重來，真是不可思議！我已預感到這次經歷豐富的旅行快要結束了。在雅典，我再也沒有力氣重越土耳其去遠征我的夢寐以求的目標印度了。

當我在皮雷烏斯下船時，就接受了此地是本次旅行的終點這一事實，它同時也是我生命中一個階段的結束。我不會再像以前那樣前往雅典的新教墓地，在墳塚之間宿營，以便第二天早上向「資深搭車者」打聽沿途有關廉價留宿點、乘車的捷徑或者自願「姑娘」的訊息了。而是買了一罐當時還流行的殺蟲劑ＤＤＴ，租了一間小巧但乾淨的旅館房間。第二天又去看一位會講德語的牙醫，當我身體情況稍好一些後，他還邀請我到德國俱樂部「費城」吃了一頓營養豐富的晚餐。

我在雅典停留了十天，健康狀況基本穩定下來，但我又陷入了一個走私鑽石集團的糾葛之中，最後逃往由皮雷烏斯去巴里的輪渡上，才得以擺脫。

在福吉亞，搭車的幸運又一次離我而去。我在一條交通繁忙的旅遊路線上整整站了二十四個小時，但無人停下車來。當我最後在傍晚時刻在福吉亞海灘上尋找睡覺的地方時，我遇到了三位義大利姑娘，她們把我帶到她們的度假別墅，整整一個星期愛撫地照顧和嬌慣我。

帶著安慰，帶著重新恢復的力量和內心的平衡，我走上了一個生命階段的最後一站。多少情感的高潮和低谷使我經歷了這個階段。我向外面尋找我的出路。這不僅是冒險欲或尋求陌生世界的欲望。而是有一種什麼東西在驅趕我，鞭笞我出走遠方。它使我衝破了那個魯爾區小鎮狹小的世界。

我是以一種浪漫主義的型式在尋覓「藍色的花朵」，作爲年輕的「聖杯騎士」尋覓「金羊毛」，或者至少是為我的若干疑團尋覓答案。我什麼都沒有找到。但我經歷了，知道了世界是另一個樣子。

我家鄉的朋友們，聽到我講述的經歷，都驚嘆不已，但幾乎沒有一個人步我的後塵。除了我的朋友阿迪，他聽了我關於希臘島嶼山托林的描述以後，從一九五七直到現在，每年都到那裏旅行。

祖國也變得有侷限性了。它不再是唯一的活動範圍了。我帶著幾份信心回到了這裏，打算從外面回來以後建立一種給我從屬感和安全感的生活。

我在福吉亞海灘的幸遇。

第六章　回歸

有人說，生命中每七年出現一次斷裂。

我的童年，一九三八至一九四五年，從一歲至七歲期間，只能用「幸福」二字來概括。戰爭被看作是一種探險，在父母的關照下我沒有受過苦。一九四二年對柏林的轟炸，對一個小男孩是一次激動人心的經歷，「防空區」的糾察有時還把我帶到防空洞門口，指給我看真正炸彈投下之前，從天上飄落下的所謂的「聖誕樹」，也就是照亮轟炸地區的照明彈。

後來父親把家安置在奧地利布勞瑙城附近的一棟小房中，在這裏，我是在陽光、花園和空氣中長大的。這些年我長成了自然而健壯的體魄，至今還使我收益匪淺。

戰爭最後幾天，美國人從因河（Inn）對岸的射擊，美國坦克在夜間的轟鳴，被砲彈炸到半空中的山羊，飛機對我們下課回家學生的低空掃射，成千上萬快餓死的俄國俘虜走過我們的門前，趕入附近的森林。所有這一切，我都只是以極其驚異的心情看在眼裏，而沒有意識到它們的歷史意義和其中的人間悲劇。

我們家的一位朋友，國防軍的軍官及建築工程師，常來看望我的父親。六歲的我，被父母談話和收音機裏無休止的戰爭喧囂無意識感染到，常常在花園門口擋住那位穿便裝的「叔叔」，並高喊：「站住，你是誰！密碼！」同時把那支木槍，其實只是一根拴著繩子的木棍，指向他。「叔叔」這時總是把「槍」推向一邊，摸著我的頭警告說：

「小彼德，你絕不要拿武器對準別人！」

我狡黠地把自己扮作無辜的樣子回答說：

「可是，叔叔，這只是一支木棍！」

「可誰能知道呢！」他告誡我說：「可誰能知道，你的槍是不是同樣可以射擊！」

然後他讓我把一只空瓶子擺到蘋果樹下，後面再立一塊木板。我按他的命令趕緊佈置好，而且確信這個實驗對「叔叔」肯定是一次災難性的失敗。

「叔叔」站到了離蘋果樹大約十步遠的地方，緩緩地舉起我的木槍，瞄準那只瓶子。突然一個震耳欲聾的響聲打破了沉寂。他遺憾地把木槍還給我。我從瓶子後面的木板上找到一顆子彈。後來，我把木槍砸得粉碎，想從中找到那一槍的秘密。

我的木槍……

這位納粹軍官以背馳於當時

主流思想的行動對我進行教育，給我留下極其深刻的印象。

另一方面我還可以記起，像我這樣正在成長中的青年人，由於受到國家社會主義的宣傳，以及父母對行將没落的「德意志帝國」及其公認的高尚的戰爭目的評論的影響，對所有的外國人懷有無比的憐憫，因爲他們既不屬於我們德意志人的這個崇高的世界，又不理解我們和追隨我們！

一九四五，我們「逃亡」到因河彼岸辛巴赫，我父親在那裏和一個奥地利人交換了一幢漂亮的住宅，那是一棟兩戶別墅的一部分，就位於因河旁。我生命中的這第二個七年期，同樣給我的生活帶來了很多大自然的活力，我的窗前就是大片向日葵田野，奔騰的因河就是我遊戲的場地。我馴養家兔，我游泳並潛入河底，我收集彈片，我和車站的難民青年團夥「戰鬥」，我身爲「普魯士」家庭中唯一會講巴伐利亞話的成員，在農民那裏儲存牛油、雞蛋、水果。

我父親當時在魯爾河畔米爾海姆的西門子公司擔任工程師，每年只能回家一、兩次。母親雖然能夠以令人讚嘆的勤奮維持家庭的門面，但對撒野成性正在成長的孩子，卻既不能給予支撐也不能給予指導。

我在國民小學畢業時，還是優等生之一。可是後來，我在居登阿普私立學校上學，卻產生了叛逆、反抗和破壞的慾望。學校由於缺少教室，不得不在一家酒館裏授課。這裏没有能夠受我們這些「小狗」尊敬的權威。我常逃學，總能找到令人毛骨悚然的藉口，我參與各種惡作劇，每次來到外面我的野地時，我都很高興。那是因河的河灘地，是我進行我想像中的探險和海盜使用的場所。

因河魔術般地吸引著我；它那渾濁的河水强有力地流淌著，它無數的小島和河灣，都是洪水之後形成的，散發著新鮮油漆氣味的小船，停在岸邊。昆蟲、魚、四腳蛇和蛇，都在吸引著我們，比那無聊的教師講的無聊課程有趣上千百倍。我相信，當時所有爲我今後發展擔心的人，堅信我已經完全變野了。

當一九四九年父親把家終於接到了魯爾河畔米爾海姆以後，人們對我的希望是很大的，希望我在這裏能夠收住心，完成學校的作業，滿足對一個「有出息、能在社會中走上正道」的人的一切要求。但我在這裏也沒有離開我已走上的路。學校和對社會的義務對我都是無所謂的。我更願意到丁貝克老墓地，或露天舞台或公園中不再使用的一個舊醫院裏，和夥伴們一起去參加秘密的「團夥聚會」。我們在採石場水池中潛水捕捉四腳蛇，或者爬到一棟被焚燒的樓房的三樓上，已經修好的二樓住著我的好友阿迪·舍費爾一家。

我日益陷入了學校的問題之中。我們到米爾海姆不久，父親就被調到弗蘭克地區的埃爾蘭根工作，他又很少回家，有一次回家時明令禁止我繼續和青年組織在一起「鬼混」，至於開始時的「童子軍」，後來的「遠足鳥」以及由我發起的男女孩共同體「夥伴」之類的組織，還算是令我父母較放心的團體，因爲它們都在公開的範圍内活動。但這更激起了我對苛求我的權威、學校和父母的反抗。我的這個生命階段是以我第一次「從家裏逃跑」而告終的。我當時正好十四歲。那是一九五二年，我開始踏入生命的第三階段，它是以我已經描繪的到土耳其的「長旅」而結束的。

開始工作

我從土耳其和希臘回到米爾海姆時，還是夏天。首先我再次去搞建築，來到一家建築公司當小工，以便使我在旅行中已經乾的錢袋再豐滿起來，並保障我今後幾個月在那間小閣樓裏的生計和房租。

工地上的工頭不喜歡「窄肩癟胸的大學生」，因爲他認爲這些人頭腦機伶，奪走了真正工人的生計。所以，只要可能，他就派給我一些髒活和苦活，企圖讓我認識到我不適合這裏的工作，最好再回到我的來處。他讓我扛上一百公斤的水泥袋子從外面的腳手架爬上三樓。我故意在二樓把水泥袋子扔下去，掉在正觀察我爬樓的他的身旁摔破。我確實不是一個大力士，意志再堅强也無法向工頭表明我有這個能力。

當他又把一把鎚子和一支鑿子塞到我的手上，指令我站在一個梯子上，在水泥牆上鑿出一個三十公分深二十公分寬的洞時，我內心裏升起了怒火，控訴這個「不平的世界」，哀嘆我個人的處境。我咬緊牙關，不停的汗水在我沾滿灰塵的臉上畫了一個斑馬狀的面具，我嘗試完成這個痛苦的任務，然而經過長長一個小時不間斷的敲打，也沒有達到所需深度的一半。工頭每小時來視察一次，拿出他的量尺，搖著頭測量著洞穴的深度。如果他發現我在梯子旁的地上稍稍休息片刻時，他就會拉起我的胳膊說：

「這在我們這裏不允許，大學生先生！想休息，可以到大學裏或者以後幹別的職業。在這兒得幹活！」

就這樣，他又把我趕上梯子，長時間看著我如何舉起腫脹的胳膊把鎚子砸在鑿子上。我夠了。我想，我必須尋找一個適當的職業，它應是能養活我、爲我提供發展機會、又能保障今後生活的職業，假期中要有可能再次走出去遊覽世界。現在我的當務之急是建立純正的心態和安全的感覺，回到與我出身相符的社會氛圍中去。

可我的職業歸宿在哪裏呢？我能從事商業活動嗎？我能到一家寫字樓任職嗎？在這樣一個團體裏，這樣一個制度下，心中充滿非世俗的要求和不安分的情緒，我能夠堅持幾個月嗎？我又從哪兒既能獲得不管是什麼樣的培訓又能獲得微薄的薪金，得以維持我的生活呢？

我忍受著胳膊灼熱的疼痛度過了一個不眠之夜，頭腦中湧現的問題折磨著我在床上輾轉反側。第二天一早，我從被褥不整的床上起身，在小閣樓的小水池旁盡量梳洗整齊，穿上現有儲備中多少像樣一點兒的衣服，出門乘電車前往鄰近的埃森市，想去拜訪我的一個忘年之交，他是《西德意志彙報》一位資深編輯。

我帶去了一疊我的「文學」作品，小故事、散文和詩歌，夾在腋下。我坐到他的對面，把這些東西扔到他的寫字檯上，並自信地說：「我想當記者！我能不能在您這裏從見習生做起？」

這位我在一家酒店裏認識的善良的白髮編輯，不經意地翻閱著我帶去的文稿。然後他站起身來，走到寫字檯的前面，坐到了桌沿上：

「或許你有寫作的天才，」他打量了我一會兒說：「但這對成爲一個好記者還是不夠的！你要先去學習和經歷真正的生活，然後你如果還想從事報業，可以再來找我！」

想不到我這麼快就又站到了大街上。天開始下雨了。我把手深深插在褲兜裏，沉思著漫步在這個煤城的骯髒的馬路上。我不知道我是不是絕望了。我也不知道我的腦子在想著什麼，我突然站到了一家大書店門前。

我走了進去，找到書店的老闆，問他我能不能在這裏當學徒。他像剛才那個編輯一樣從上到下地打量著我，給予否定的回答，並告訴我可以到他的一個女同業那裏去試一試。

當我又站到外面時，我發現了我在櫥窗玻璃上的影子：被雨打濕的頭髮貼在一起，上衣領子立著，一卷破爛而潮濕的紙卷夾在腋下。

我趕緊跑到火車站，找到衛生間，用手帕盡量擦乾頭髮，梳理整齊。然後乘上近郊列車前往杜伊斯堡，直接拜訪我上學時常去的那家書店，當時我經常在書店的書架上翻找圖書，在那位年老的老闆的推薦下買到不少好書。

賽爾比格先生深信自己是天生的書商。他生活在他的書籍中，而且從不拒絕同任何顧客進行哪怕是最「荒謬」的談話。他對我們這些年輕人的願望也同樣總是認真對待，常用他的建議和書籍輔助我們。他的書店叫「亞特蘭提斯」，很快就成了杜伊斯堡一個文化和藝術中心，這裏常常擠滿窮酸的知識分子和藝術界人士，但他們卻很少給這個熱心的書商的錢袋中留下些什麼。有些讒言者說他是從集中營回到杜伊斯堡的「猶太人」（！），說他在書店中不僅「消受」著他因苦難而得到的補償金，而且他還有其他的經濟來源（「誰知道是從哪裏來的」）。

我很信任他，我想在他那裏學習書商這門美好的職業。他接待了我，和往常一樣，十分友好十分關心，把我拉到他的堆滿書的小辦公室裏，安詳地聆聽著我的心事。但他可惜不能輔助我，雖然他很願意。上一周他剛剛接受了第三個學徒，再多一個人他的店就無法承擔了。

我們一起研究該怎麼辦。最後他向我建議，到他最强的競爭者博朗書店去試一試。他說，博朗先生雖然是一個和他完全不同的書商，但如果我真要學書商這門行業，那裏是最合適的地方。我學徒生涯結束以後，他很願意在他的書店爲我留一個位子。

我心情沉重地離開這位好人的店鋪，前往大約一百公尺以外的博朗書店。這裏是一個平靜而樸實的氣氛，和賽爾比格先生店鋪的文學品味大不相同。一名高鼻子小個女店員立即向我迎來，問我的願望。

「我想見博朗先生！」

「您事先約好了嗎？」

「沒有！」

「您要談什麼事情？」

「我自己的事情！」

「您能表達得更具體一些嗎？」

「我想在這裏學徒！」

「我爲您向襄理德魯德先生通報！」

德魯德先生是一位不斷搓著雙手的人，四十出頭，和我談了幾乎一個小時，關於書商的使命是如何嚴肅，關於書商對居民的教育、培訓和再教育的責任，關於這個使命對中途退出者或失敗的作家没有後退的餘地，關於必須以高度責任感和嚴肅的態度從事這一職業。他談到這一使命的責任和嚴肅性時，突然跳了起來向外跑去：

「我要給您介紹博朗先生！」

我也跳了起來，以最快的速度跟在裹理的後面，奔向博朗先生的辦公室。他正坐在店鋪上層一間小玻璃房子裏，從這裏他可以看到每一個進店的人。

「博朗先生，我想向您介紹我們的新學徒，他明天開始上班！」

就這樣，我陷入了自己設定的圈套。我很快適應了日常的工作節奏。我甚至感到内心產生某種鬆弛和自由。我不必再每日去奮鬥、去決策、去實施。早上八點到書店上班，晚上七點離開書店。

每日的工作程序是有規律的：十一點之前在地下室將新進的圖書拆包，爲要發出的圖書包裝。十一點到十二點半打掃書上的灰塵。把書一本一本從架上取下來，用一把小刷子掃書脊。下午整理書籍，調整架位，淘汰退回的殘本，集中廉價書，郵寄書目，貼新價格書籤，算帳，寄送零售定單等等。

在那裏學的東西不算太難：書目編排、出版知識、特價折扣，特别是包裝技術。正規包裝圖書，正規開啓包裝，書籍的禮品包裝。

這些工作有時甚至給我帶來歡樂，比如我如果有機會爲有興趣的顧客長時間諮詢，而且他接受了我的推薦。雖然這時我們的首席店員華格納小姐（她雖然已不年輕，但堅持人家叫她小姐！）總是皺著眉頭在我身邊打轉，在這兒動一動這本書，在那兒整一整書摞，然後態度嚴肅地告誡我，應該盡量推薦暢銷書《安格麗珂》或者最新版的《西摩爾》系列，因爲我們用優惠的價格購入了五百册，還都成摞地堆在地下室裏。但我卻不管這些，而是向顧客介紹我自己喜歡並相信對顧客也有益的圖書。這就是我在這個店中的一點小自由。書店的主管也逐漸放棄了對我的挑剔，而且顧客中的回頭客常常點名讓我爲他們服務。

我在這些日子裏讀了很多書，書店也要求我這樣做。古典作品我從頭讀到尾，哲學、詩歌、傳記。

在專業書籍中，我還特別讀了很多心理學的書籍，我希望從中找到我內心問題的答案。但小書店狹窄的世界壓抑著我。首先是我每天早上進店時向我迎面拂來乾燥而令人窒息的空氣。我開啓店門，想透些新鮮空氣進來，但外面嘈雜的交通使店內無法進行談話。

我看著那些老資格的同事，他們以一種永恆的傲慢向顧客介紹著每本書上都印有的「內容簡介」，卻擺出一副似乎真的瞭解書籍內容的架式。而實際上，他們心中的世界就是這個小小的書店。他們對同行和競爭對手，尤其是我極爲尊敬的書商賽爾比格的評價是企圖置人於死地的。他們在傳播著一種令人討厭的自以爲是，我終於理解了人們經常提及書店顧客「門檻恐懼」的來由。

但這還不是我真正的問題。我這個時期的真正問題存在於我的經歷之中，我的內心深處。

我扭轉了我生活的方向盤。我不想再跟隨我的出走欲，我追求自由自在、嚮往遠方的欲望行動，因爲我認識到，我所追尋的東西在那裏是找不到的。我把自己拴綁在書商的使命上，世界上沒有什麼可以使我再次轉向。

然而，我的內心卻像一座火山一樣在沸騰。我每日都期待著它的爆發，期待著會把我撕裂的爆炸。我內心裏充滿著反叛。好像一隻被捕獲的野獸，衝擊著樊籠的欄杆。我想走，想到大街上去，想去搭車，想去無羈絆的遠方。尤其是在春天，大地開始泛綠的時候，第一股暖風吹開了火車站中匆忙往來人羣的陰鬱的目光，突然不知從哪兒飄過一縷茉莉或夾竹桃花香。

假如我不在杜伊斯堡下車，而是坐在車裏一直坐到終點站，然後再繼續往前走，一直向前，一直向前，到達大海，那將會發生什麼事情呢？

它簡直使我心碎。我當然每天都在杜伊斯堡車站下車，然後穿過廣場走向書店，鑽進那污濁的圖書空氣中去，甚至自找煩惱地主動要求去佈置櫥窗，一直到夜裏兩點才筋疲力盡地回到我的閣樓，墮入像死一樣的沉睡之中。

我逐漸開始對我的命運產生了一種心理性的頭痛。我知道得很清楚，這是什麼原因。但我没有辦法得到解脫。於是我深入到心理學的書籍之中，我讀佛洛伊德，讀容格，讀阿德勒的書，我試驗舒爾茨的自體放鬆運動（autogene training），研究佛教禪宗和瑜珈。最後我找到了一位女心理醫師，向她講述了我的病痛。

對人吐露我心中的鬱悶，使我感覺舒暢。它好像是一個活塞，可以緩解內在的壓抑。女醫師耐心而理解地聆聽我的敍述，幾個星期她都不對此發表自己的看法。我的頭痛有些緩

1963年在法蘭克福書商學校時期。

解，決定在今後一年半的學徒生活期間，隨時尋求她的保護。

但這一希望之光並沒有持續很久，因爲那位女醫師生病了，並且向我表達了她對我的情愛，我只好趕快離她而去，敬而遠之。

我真不明白了。我在杜伊斯堡大街上奔跑，直到喘不過氣來，然後進入了附近的一家小酒館，用一杯杯的啤酒濕潤我乾燥的喉嚨。

我在博朗書店的學徒生涯期滿了。一九六四年三月三十一日，我獲得了我的商務助理資格證書。這之前，在一九六三年夏季我還到法蘭克福書商學校進行六個星期的培訓，這時我已完全克服了對這一職業的病態性對抗心理。我堅持了下來，我感到滿意和幸福，似乎解決了我生活中的一切問題。

儘管如此，我在這個受難和成功的地點只做了幾個月全薪的書商助理（工資四百二十馬克！）。五月一日，我又背上行囊站到了往南方的高速公路的交流道入口，帶著無法掩飾的自發的微笑，伸手向著來往車輛翹起大姆指。

給自己的獎勵

我當然要離開，離開這個店鋪，離開這座城市，離開我自我約束三年之久的這個單調的生活節奏。我不是想逃逸。我不是想再開始我的流浪生活。但我想獎勵自己，我想休養和放鬆一段時間，然後再以强勁的身心繼續我在這個世俗的世界重新開始的道路。我用自己的力量克服了一次生活危機。我第一次感到我是生活中的勝利者。我感到以我當時已經達到的二十六歲（別人在這個年齡已幹了多少大事?!）和這個微小的職業開端，已像一隻熊一樣，强大無比了。

當然，在學徒的這幾年的孤單環境裏，我也想到了很多種需求：對我自己，對我的環境，對這個時代。我對很多事情都不理解，特別對我自己，我產生了要去進一步研究它們的欲望。我後悔在過去的幾年裏由於自己的行爲而錯過上大學學習的機會。當我聽說，我的美國搭車友戴維·賴斯特在德國服完兵役後，在瑞士山區楚瓦登的阿貝特·施威策學校完成六周的暑期培訓，學了哲學、心理學和政治學，我就決定不再去搭車旅行，而是去上暑期培訓班。

到那兒去之前，我還規規矩矩地在柏林著名的「基坡特」書店謀取了一個職位，暑期以後到那裏擔任每月一千馬克工資的「部主任」，繼續我的書商之路。

不僅是爲了節約，也是因爲我一直不願意乘坐乏味的公共交通工具作這樣的旅行，所以我又站到高速公路南口，懷著難以抑制的自由感，期待著向我湧來的無法意料的經歷。然而此行卻是一次没有任何冒險的「規規矩矩」的旅行。

前往瑞士的途中，我有目的地參觀了弗萊堡、斯特拉斯堡和巴塞爾的三座阿雷曼時期的大教堂，欣賞了造型如此不同的教堂和猶太教堂。它們是基於新舊兩種法則修建的，從巴塞爾的經典哥德式到斯特拉斯堡的阿雷曼旋轉式，我還在貝福特附近科比歇的小教堂裏停留了整整一夜，以便能夠在清晨的朦朧中看到從其鎗眼般的窗子裏射出的陽光。我確實變得深沉而多思了，心境也平靜了許多。

在楚瓦登，我遇到了一羣十八至三十歲的來自各國的年輕人，他們都是些不願順應時勢的求索者。他們有時嚴肅、敏感、孤僻和饑渴般地追求生活，但有時又會歡快和放肆。我們大約是三十五名青年男女，被安置在迷人的山區風光中一個村落的昔日酒店中。政治課由年輕的美國教授在酒店裏講授，他們是在這裏進行爲期一年的課題研究。心理學和哲學課則由蘇黎士或日內瓦大學的老教授主持。

這是一種由高水準的學術報告、半日或全天的登山遠足，以及晚間在鄉村酒店中品嘗著烤肉和强烈的多勒酒、會聚一堂的歡樂組成的混合體，確是治癒我遭受折淩的靈魂的良藥。我終於感到自己屬於一個團體，這是我可以接受，而且也被接受的團體。很多奇妙的友情在這裏產生，它們持續了很多年，直到最後消失在時代的潮汐之中。

分手的日子越近，我也就變得越少言和傷感了。我知道，我現在需要的不是書店中的傳統工作，而是什麼別的。還有很多問題沒有答案：我現在又在思考我身爲德國人的存在，我的奇怪的民族屬性的疑問。因爲我在這裡又是唯一的德國學員。

在最後的幾天裏，我埋頭於學校圖書館豐富的藏書之中，閱讀美國和英國出版的關於大屠殺、國家社會主義，以及羣體心理學等大量書籍。在這裏我遇到了日內瓦的宗教學教授阿姆斯圖茨，向他談了我的心事。他建議我參加第二年暑期開始的培訓。就這樣，我又有機會在一位「指導老師」的引導下，研究了幾個月有關德國那個時期難以置信的事件之歷史的、政治的和羣體心理學的原因。我很想獲取一份獎學金來充實自己！

幾個星期以後，當我又回到家鄉時，看到了基坡特書店給我的拒絕信——當時接受我的書店的襄理突然去世了——這對我似乎是一種預示。我又到建築工地做了幾個月，積攢了一點錢，然後解除了我在米爾海姆的閣樓租約，第二年我又背上行囊，帶上必要的東西，再次去了楚瓦登。

第七章　曲折之路

我想回去，回到生我的地方，回到冬月之國！我要學會理解那裏的父親，我要學會熱愛那裏的母親！

奧施維茲不可能是祖國，不是任何人的祖國。也不是那些兇手後代的祖國，當然更不是兇手的祖國。所以我的很多同胞做出一副樣子，似乎從未存在過奧施維茲。我指的不是那些說謊者，而是千百萬視而不見的德國人，因爲他們不想爲此承擔責任。

我去看了。我無法擺脫我所看到的一切。我逃離了，不再回頭，只想跑，遠遠地跑。它和我有關係嗎？我的父母不都是正經人嗎？我不是可以爲他們擔保嗎？這和我又有什麼關係呢？

我去看了。我在那裏看到，冷酷的屠殺指令，是用德語講出來的。那條非人的種族淘汰指令所用的語言，正是我賴以生活的語言。「死神是來自德國的大師！」

我回歸祖國，回歸我的屬性，不應該僅僅是重新踏入一種職業成就的傳統狀態之中。我必須克服我內心的圖像。我必須重新承認我的母語，只有用這種語言，我才能表達深層次的空間，而不是像我在楚瓦登不得不使用英語所表達出來的平庸，在那裏聽課和與非德國學生的交流只能用這種通用語進行。

我是否預見到自從我進入書商職業以來所研究所學習的東西，對我後來的事業會有什麼影響嗎？我當時能感到，我在楚瓦登如此認真研究思考的問題，幾年以後竟成爲我後來事業的根基嗎？即在世界上介紹德意志文化、文學和語言，讓世界和這個刻板的德意志國家及這個脆弱的德意志性格實現和解。

我當然沒有意料到。我當然沒有把這作爲既定的目標，而是把這當作一個至關重要的問題，一個我必須自己解決和回答的尖銳問題。但後來我看到，當時對我德意志屬性問題的充分的研究，對我以後的活動是何等的重要。

羣體心理學的三位經典作家（漢德利克·德曼的《羣體化和文化的没落》、霍塞·奥特加·伊加塞特的《羣衆的暴動》、鮑爾·里斯曼的《孤獨的羣衆》）是我在我的「指導老師」，一位蘇黎世大學老教授的輔助下，進入一切可能的心理學迷宮的基台，直到我有一天發現，僅僅在心理學的領域內，是不會找到我心中疑團的答案的。

於是我又投入到有關希特勒奪權的歷史幕後中：首先從凡爾塞和約和通貨膨脹開始，直到第一次世界大戰的戰爭責任，關於身心俱殘的人物威廉二世，他曾對十九世紀末的德意志政治產生過不良的影響。然後再回過頭來看俾斯麥和一八四八年革命及國民大會的失敗，最後我還研究了典型的德國人馬丁·路德，但我不得不承認，對那個至關重要的問題：「當時怎麼會是可能的呢？」我仍找不到涉及我民族屬性的滿意的答案。這時，培訓班也就結束了。

對奧施維茲的烙印，我這個追本溯源的德國青年沒有找到最終答案。但有一點我卻是清楚的：

在奧施維茲、特列布林卡、布恩瓦爾德以及其他地方發生的難以理解的暴力，都是德國人的行爲，我們永遠不許忘記，永遠不許抹煞。我們德國人只能在這個罪惡的陰影下安排我們的生活，儘管我們身爲個體沒有參與這個罪行，不是這個意義上的兇手。如果我想在這一罪行面前還能作爲一個健康的人活下去的話，我就永遠不能讓這個傷口長成疤痕，永遠不能忘記！而且不管其他民族是否也對人類犯下過暴行或繼續在犯罪。

犯下大屠殺罪行的是一整個民族，而不僅僅是個別掌權者和政府。奧施維茲所以成爲可能，是由於權力的超界，而整個權力是在一個非理智性的民族的容忍和輔助下形成的。德意志民族，在生活模式和表達模式上，無疑可以和任何一個文明的民族相媲美，但它卻被引入了歧途。

使我震驚的是，當時沒有出現任何阻力和顧忌。一個民族的高度文明成果，和對其他生命的野蠻蔑視之間的隔膜竟是如此的纖薄，想到這一點，我幾乎要陷入刻薄和玩世不恭的情緒之中。但我沒有這樣，而是去置疑，去尋找答案。

我在生活中放置了不安，這使我的個人危機變成了動力。同樣在這個問題上，我也如法炮製。我把對我模糊的罪惡感明朗化，把它啓動並接受，這樣才能找到我的德國屬性，而不至於整日頭上頂著污濁，招搖過市。

這就是我在楚瓦登經過認真學習研究以後所取得的認識。在這個基礎上我採取了以後的步驟，走出自我孤立，回歸我那問題成堆的祖國。

在這裏還存在其他的挑釁，幾乎使我的生命彈丸擊中一個意外的目標。

透過美國學生的指點，我在阿貝特·施威策學校的圖書館裏發現了兩個作家的作品，他們是在幾年以後才在我們這一帶成爲青年學生遵循的榜樣：弗洛姆（Erich Fromm）和艾力克生（Erik Erikson）。

我讀他們的作品。它們在我心中日復一日地、一公分一公分地開始昇華，開始如同得到解放一樣去放眼世界。兩位作家所寫的，不是空洞而抽象的哲學，而是可以直接運用的生活哲學。而我們年輕，我們要生活！我必須把這些書再讀一遍，才能說出裏面講的是什麼，是什麼使我，使我們那一批人獲得了解脫的感覺。我只知道，在閱讀的程序中一再用手拍著桌子喊道：「是的，就是這樣！扔掉那過時的辮子！」

我們在那瑞士的寂靜的山中超前感受著一種生活，它是幾年以後才點燃山下平原大學生的精神。當時的培訓班四十五人中有一半是美國同學，很多自由而純樸的思想和行爲，都是他們帶給我們這個小集體的。柏克萊和大學生反對越南戰爭以及「鮮花少年」運動已在美國興起，早在巴黎、法蘭克福和柏林的康本迪特、K·D·沃爾夫或杜什克之類跳上街障之前。

令人奇怪的是，我們在小集體中也開始了政治性的討論，最終解除了學校原本很自由化的美國領導的職務，把校長從窗子趕了出去（不必害怕，那只是一樓！），而由我們自己接管了學校。這往往是持續幾個小時的激烈的政治大辯論，經常進行到第二天淩晨。在瑞士寂靜山區的這個小小的學校就像一所瘋人院，但它實際上是一個社會試驗室，我們於一九六五年在這裏進行的很多具體的實驗，到了一九六八年在其他地方都變成了活生生的現實。

對我個人的學習來說，所幸這一戲劇性的發展是在最後幾周才發生的。我們選舉了一個學生會：一個姓李的中國人、一個叫維利的英國人和我這個德國人取代了學校的主管。我們三個人在當時領導結構不斷被懷疑的情況下，認真努力地想讓這個學校正常執行，但最後在離校的那一天，還是把領導權又歸還給原來對此很稱職的人手中。

這是一次小規模的革命和暴動。我們所有的人都是在團隊，也就是在「集體」中經歷了一次個人解放的程序。我們並沒有讓這次火山噴發式的解放運動侷限在我們個人的範圍內，而是把它反射到我們的周圍，即我們的「社會」。這是一次顯示團隊力量的偉大經驗：其中包括摧毀傳統的權威。那些多數保守的教授們，當然不會同意這種自主和反常的教育內容，就像他們在一九六八年真正的革命發生時也不同意「博士袍下的臭氣」一樣。無論如何，我在這裏對即將來臨的激動人心的時代做了準備，對即將被否定，和對羣衆激情的噴發，沒有產生過大的恐懼。

戀愛

然而對我來說還有另外一個問題，即使在一切都要「追根問底」的時期，我也不願把這個告訴給別人。我戀愛了！

——喏，有什麼問題嗎？——

她原來是我的美國朋友戴維．賴斯特的女友，她的身體很柔嫩，常常要臥床休息。

——就是這個問題嗎？——不，其實不是！——

我不僅愛上了她。我簡直是著迷了。她像一塊强大的磁鐵在吸引著我。我在反抗。我有我的目標和計畫。我到這裏來是爲了學習。我不應該接近她。我同她保持距離。但她使我著迷。我放不下她。

她很有魅力：金髮褐眼，具有女性嫩弱之美。她叫畢姫特。她在說t時總是說成鈍音d。她是丹麥人。她講一切事情都是那麼柔和，像是用特有的丹麥模式在歌唱。

戴維以前就和她上過這裡的培訓班。他曾和我講過她的情況。我當時很好奇。她開始時並沒有來，兩個星期以後還是來了。這期間她又生了病，好像是腎方面的什麼問題。

當我第一次見到她，當我第一次和她說話，我感到震驚了。我彷佛認識她。好像一百年前，或更早的時候就認識她。我想立即過去輕輕拉住她的胳膊對她說：「你終於來了！」

我當然沒有這樣做，而是像過去曾做過的那樣，只要可能就跑開。我同她保持距離，只是吃飯時斜眼看看她。我像躲避瘟疫一樣躲避她。她當然不是瘟疫。但她對我卻是一個永恆的吸盤，她是一個漩渦。假如我走近她，我就會毫無抵抗地被吸食進去。

有一次我們學生在課間組織了一次打雪仗遊戲，我一不小心把手中的雪球滑出，勁直飛向在陽台上曬太陽的她，打到了她的頭上。我不得不跑上去請她原諒。我的腿發軟，聲音顫抖。以後的幾個星期我仍然同她保持距離。

但要來的事情終於來了：那是第一個溫馨的春日。幾乎所有的同學都外出了，我們突然單獨地坐到了早餐的餐廳裏。

她從對面向我喊道：「你今天幹什麼？」

「我要讀書！」

「在這麼好的天氣裏？」

「是的！」

一段休止。

「你不想陪我去楚爾嗎？」

我過於急促地答道：

「是的，我願意！」

我翻出了我的好西服——這是我唯一的一套西服，老式樣，完全不時髦，是我母親寄來的。我把自己打扮成「進城的樣子」。於是我戒慎地坐到了她的身邊，她美極了，穿著飄逸的春裝，散發著芳香。我們坐在驛車裏，緩慢地駛過通往楚爾鎮的盤旋公路。

到達以後，我攙扶她下車，繼續努力尋找話題和她交談，而盡量不去碰她。我們漫步在這古鎮的街道上，最後來到爬山纜車前，這是通往楚爾山的纜車，從上面可以鳥瞰古鎮和因河河谷的絕美風光。

「你想嗎？」

她點頭。我們飄離了那個窄小的下面的世界。我覺得，似乎這個繩索牽拉的車廂把我們送上了共同的天床。在地下不可能的事情，在這上面卻變成了可能！

事情就是這樣發生的。我們來到了上面，坐到了一塊岩石上，長久默默地注視著山下的因河河谷。最後我們開始討論當時在學生中流行的話題。這時當然出現了極端的德國觀點和尋求平衡與和解的丹麥主張。

當我們起身準備踏上歸程時，河谷裏已開始籠罩著夜色。我想協助她從岩石上走下來。我劈開雙腿，卻不料使我老化了的星期日才穿的褲子發生難聽的聲音，從上到下在臀部撕開了一道裂縫。

我們大笑起來，過了很久才停下來。這時，不僅我的褲子，而且我們之間的繩結也同時迸裂開來。她緊緊站在我的身後，我們邁著整齊的步伐，和其他遊客一起走向纜車。

我們來到一家酒店前。她把我拉了進去，詢問那裏是否有針線。我被關進廁所，我的意中人和酒店老闆娘爲我縫補那條破裂的褲子。這當然持續了一段時間。當我從那不怎麼舒適的等待地點被解放以後，我還必須像一個時裝模特兒那樣在兩位女士面前轉上兩圈，好讓她們能夠欣賞她們的傑作。然後我們就輕鬆地向纜車站走去，但我們不得不看到，最後一班開往楚爾的纜車沒有帶上我們就開走了。

下山還有路嗎？没有，没有路！怎麼辦，怎麼辦呢？

我們又回到那位友好的老闆娘那裏。不，她也没有房間出租。但她認識一位鄰居，曾在岩石那邊出租過一個 Chalet（瑞士牧人放牧時用的小木屋），給像我們這樣被留在山上的遊客。我們肯定已經結婚了吧，還是没有？我們就像商量好的一樣，一齊點了頭。當那位鄰居夫人再次向我們提出同樣問題時，我們又點了頭。

當第二天早上我們開啓「天堂」般的木屋窗子的木格柵時，我們可以從雲霧中看到那塊熾熱的山岩和下面陽光普照的河谷。隨後那位鄰居夫人爲我們送來滾熱的咖啡、新出爐的特大的農家麵包和草莓果醬。

追尋到丹麥

我瘋狂地愛著畢姬特。或許她根本不那麼美，但對我而言卻是。她的恬靜把我迷住了。這些日子的紛亂並沒有影響她。她置於我們的辯論之中，並非無動於衷，但她向我放射著無法解釋的、內在的從容。

對我來說，她的身上有一種非凡的東西。我想，那就是她的女性美。我至今從未經歷過這樣一種純淨的「女性美」。畢姬特在我認識她以前曾在醫院和病床上度過多年，受過無微不至的愛護和關懷。這種女性美的純淨型式可能就是在那裏形成的，它既是溫柔又是力量。

楚爾山上的經歷使我們成了「一對兒」。我在其中從一開始就扮演著服侍和保護的角色。作爲仍在不斷求索、內心破碎的青年男子的我，卻最終無法滿足這個女人渴望庇護的需求。當她兩年後離開我，去和另一個人結婚時，她說：

「我需要的男人是一股金色的柔光，而你卻是一只銀色的銳器。」

但在我們分手以前，我把我的生活改變爲服侍這一愛情並緊緊跟隨著這個女人。她於學期結束時實際已向我告別，我又在弗萊堡、布萊斯高的建築工地上度過了幾周滿身灰塵的小工生活（這期間我努力用酒精嘗試忘掉她），然後又去她和家人度假的日德蘭半島上的散德維克，最後來到了哥本哈根。

我別無其他選擇，而只想留在這個女人身邊。我開始使自己在哥本哈根定居下來。我租了一個小房間，在「蒙克斯加德國際書店」找到了一份代理工作，在一家夜校發癡地學習丹麥文，經過三個月勉强掌握了它。

她的家庭雖然没有滿腔熱情地對待我（「爲什麼偏偏是德國人？」），但卻用很多丹麥人所特有的友好的禮貌接納了我。我很快就可以在這個好客的家中自由出入了。没有多久，她的母親伊娜——這是一位熱心、聰慧和開明的女人，帶著嚴肅的表情把我拉到旁邊，並把我按到一張椅子上，開門見山地說：

「現在發生了一件事。現在我像愛一個兒子那樣愛你了！」

這個家庭經營一家「亞可布・巴登書籍裝訂廠」，位於哥本哈根的北法司威大街，畢姬特是家中讓人操心的孩子，因此也就想讓未來的女婿（這期間我們訂婚的日期已經確定）進入家庭工廠，爲他創造機會，可以從容地在那裏尋找一個適合他學業的職位，以便使他今後有能力養活將要組成的新家。

亞可布・巴登書籍裝訂廠位於哥本哈根内城，是一棟本世紀初典型的三層紅磚工業建築。窗子都是不規則的鑄鐵窗框，已被時代的灰塵所掩蓋。内院裏有一座古老帶鐵欄杆的運貨電梯，用作向二樓和三樓運送進貨以及運出裝訂好的書籍。

通過一個陳舊的木樓梯我們上了二樓，來到辦公區域，首先是一個會計室，一位老年白髮婦女趴在巨大的帳簿上，手中拿筆蘸著墨水登記著進出貨物及收支情況。

莫根斯是一位十分和氣可親的經理，但也是公司較弱的主管，他坐在第二個辦公室一張堆滿統計表格、勞動報表和機器樣本的寫字檯旁。穿過一扇活動門就可進入廠房，四十名男女裝訂工人在這個窄小的空間進行著他們的工作。

莫根斯帶領我參觀他的公司：二樓都是大型機器，馬蒂奴斯裝訂機、科爾布斯切割機、施塔爾摺疊機、訂書機和紙張整集機。三樓是屋頂，夏天酷熱，這裏的女工坐在高凳上，往單頁紙上黏貼插圖頁，壓折皮書面，書角塗漿，黏合分册。工人在這裏按累進制領取相當不薄的計件工資。但在等待新任務的時間裏，只能獲得較低的計時工資。在這首次參觀車間時，我見到很多工人閒聚在一起，低聲講著笑話，注視著我們走過。

我們又回到了經理室，莫根斯在他的大寫字檯上爲我整理出一個角，放上一台手動的電算機，給我扔過最近送來裝有勞動報表的紙袋，讓我統計一下已完成裝訂任務的定單。近幾月來，他一直沒有時間去做這種檢驗了。我立即熱情地投入到工作中去。我越深入查對各個定單，就越不能理解展現在我面前的結果。如果這家公司已經這麼長時間以這種模式和以這樣的結果經營，那它早就應該倒閉了。

我翻閱各種數字，豎起耳朵聽生產主任和經理的談話，查對每一張我能得的報表。我們太貴了！我們比可取得的價格要高出三〇％。

每一份定單由十五到二十個單項工序組成——從由城外倉庫取回印好的紙樣開始，到套上切割好的保護封皮爲止。複雜的裝訂甚至有三十個工作程序，比如燙金半皮式裝訂和封面封底特殊燙製式裝訂。而且在丹麥又習慣於小批量和特小批量的裝訂要求，一般爲二百至五百冊，這就特別要求高度的組織模式，以便——包括調適機器的時間——能使等待工作的工人隨時有事可做。

各道工序必須相互編織在一起，當一道工序結束時，另一項工作必須立即出現在工人面前。有些任務，特別是複雜的裝訂，其工序間的關係就要比其他任務更加密切。紙版必須切割，皮面必須摺疊，即稜角要細，皮面角要塗漿，布面要貼到紙版上，皮面書脊要燙製。另一方面，紙張要摺疊，要規整，要縫合，分冊要黏合，切割整齊，拴以細帶，使版本成爲一體。有時只裝訂二百五十本，有時是七百本，小冊子和平裝書則可達到一萬本乃至八萬本。

在創新的組織工作中我找到了樂趣！我嘗試這種生活中的拼圖遊戲：人的成就欲和傳統的緩慢節奏都在其中起作用。比如機器運轉時間、準時供應材料，或者材料的狀況：潮濕而卷曲的紙張就會延長摺疊機的調適時間多達幾個小時，從而使下面的工序陷入混亂。

當時人們還沒有聽說過ＲＥＦＡ學說（這個協會主要做企業管理的研究，加强專業知識以及在職培訓——譯註），採用數學方法，對這種小批量和特小批量的生產也是無用。於是我找到了一種幾乎是藝術性的辦法來解決這個問題：我把勞動報表改成彩色的，讓它適應各種不同工序的範圍。整個工作程序這樣就可以一目瞭然而便於追蹤和檢驗了。

當然，它必須能夠核對總和控制，但那位年老、昏庸、沒有組織能力的生產主任是無法勝任的，他幾年前就該走了。伊娜和我極力說服好心的莫根斯，現在終於應該去做幾年前就該做的事情：和那個人談話，給他一筆補償，讓他提前退休。

在長時間的猶豫之後他終於同意了。和那個人的談話進行了兩個小時，然後從房間裏走出一個滿面春風的生產主任來，根據他的理解，經理鑑於他的功績答應給他提高工資！

現在要消除這個誤解，雖然很尷尬但勢在必行。就這樣，我到公司不到幾個星期以後就突然獲得了企業主任的職位。我成功地把有威望的工廠工會主席爭取到我一邊，以此來彌補我技術知識的缺陷，他實際成了車間的領班。

當我就職後第一個早上來到車間時，全體員工都在他們的工具旁起身立正，舉起右臂高呼：「希特勒萬歲！」

但這種對德國人的敵意很快就停息了，因爲工人們看到，勞動的更好組合使他們有可能獲得更高的計件工資。支付這樣的工資也使成本的計算成爲可能。於是皆大歡喜：員工和公司主管都是如此。

這一成績也使我感到滿足和自信，這是我在孤軍奮戰和採取反叛時所缺少的。在這次丹麥「探險」中對我還很重要的一點是：我被一個健康而仁愛的團體所接納，我以一個個體被他們所認可。

我學會了尊重和愛慕丹麥人，包括他們完整的世俗特徵：保守但不落後，在政治上甚至是先進的，總之是自由主義和仁愛的。他們接受了我，連同我的能力和我的恐懼及不安。我很快就成了他們的一員，不僅習慣了他們難吃的紅香腸加番茄醬、卡爾貝格啤酒、茴香酒，而且也開始使我的生硬的德意志稜角讓位給斯堪的納維亞的渾厚了。

每天晚上我到哥本哈根版畫學院上兩年制的版畫學習班，主要是爲我白天必做的事情補上理論的一課。

門鈴響了

到一九六六年秋，我這個德國人終於被這個家庭正式接納了，訂婚典禮得以舉行。爲此租了一個宮殿，雖很小，但畢竟是個宮殿。從全國、挪威和瑞典趕來了家庭的成員。我有生第一次穿上了燕尾服，雖是從服裝租借店租來的，但畢竟是燕尾服！

然後一個莊嚴的時刻到來了：我的岳父母請我作爲股東加入他們的公司。然而這時——我的內心中始終追尋自主的生活欲望又抬頭了——我謝絕了他們。我要走我自己的路，要追求當出版者的前途，而不想以二十七歲的年齡就躲入安全的港灣。我在版畫學院的學習很快就結束了，我想應徵出版社的製作人職位，以便能自己養活自己和我未來的妻子。

我分別在好幾家丹麥出版社求職，但他們打算給我這個印製新手的工資，還不及岳父爲我在裝訂廠支付的報酬。我心情沉重地又把目光轉向了南方，我的家鄉，一個有風險的地方。我的未婚妻畢姬特對此並不高興：「去度假可以，但永遠？」

但對我已經沒有退路了。我給法蘭克福德國書商通報寄去一份求職廣告。於一九六六年秋開著我的二手國民車，首次前往所有出版人的麥加，前往法蘭克福的法蘭克福書展。

在那裏我很成功：我在斯圖佳特格奧爾格・蒂莫醫學專業出版社找到了一個製作人的職位，可以獲得足夠獨立生活的報酬，並有可能養活將要成立的家庭。

斯圖佳特，一九六六年一個秋陽照耀下的星期日：我躺在用丹麥家具裝潢的光亮住宅的丹麥皮沙發上，這是在伊夢霍夫大街的最高處，周圍就是葡萄園。但我感覺不好，整個早上都感覺不好，不想吃東西——只在我的住宅裏遊蕩，我沮喪，但不知爲什麼。

門鈴響了！我站起身來去開門：沒有人在門外！我按住了樓下大門的開門電鈕。但那裏也沒有人想進來。最後我又拖著步伐回來，躺倒在沙發上。我感覺壞透了！

門鈴重新響了起來。怎麼了，我想，是不是有人想作弄我！門前還是沒有人。

整個程序又重複了一遍，按鈴的人仍然不在！

我內心緊張，甚至將要破裂。但這連續不斷的響鈴卻引起了我的好奇：是我的幻覺嗎？我登上椅子把門鈴的蓋兒擰了下來，又躺到沙發上，這樣可以看到門鈴的裏面。

我感到噁心，感覺受到壓抑！鈴又響了。我清楚地看到，門鈴的小鎚敲擊著鈴體。

我感到難過，越來越難過！我翻出一支蠟燭，點燃它，再爬到椅子上，把小鎚打到鈴體的地方熏黑。我要弄清楚：是我的頭腦在作怪，還是有人在作弄我？我又把屋門外的門鈴按鈕和大門外的門鈴按鈕熏黑。現在我要知道實情！

我又躺到沙發上。感覺極壞！這時小鎚又動了起來，鈴又響了。我又爬了上去，清楚地看到小鎚敲打著被熏黑的鈴體。我奔向門外：按鈕無人碰過！

我必須嘔吐。

我靠在屋門上。門鈴還在響，間隔越來越短。我捂住我的耳朵。

我突然明白了。我拉開屋門奔向鄰居，她看到我的臉色時，大吃一驚。

「我可以在您這兒打電話嗎？」

我撥通了哥本哈根。等了很久對方才拿起話機。

「是畢姬特嗎？你怎麼了？」

「我已經給你寫了信。我明天就去美國。我將和美國人阿貝特結婚，他是我當時在施陶芬學習德語時認識的。他又來了。我很抱歉，刺傷了你。我十分抱歉！祝你好運！」

曲折之路結束了。是一次硬著陸。我又回家了。現在我站在本來爲共同生活而準備的住宅裏。門鈴受到了鬼神的驅使。

第二天我很早就來到出版社，收斂精神投入了工作。晚上我和出版社的女電話員上了床。

過了幾年我又去過丹麥，是在一次德國書展的開幕式上講話。和我幾乎成爲岳父母的友好關係，一直延續到八十高壽的伊娜去世時都沒有岔斷。畢姬特，我一九七四年在達拉斯見過一面，她已是一個不幸福的美國家庭主婦。

第八章　一九六八年的幾個事件

斯圖佳特這個城市對我來說就像是一個針線盒，狹窄、木質，沒有絲毫靈氣。每天我都乘電車從山谷的這一端伊夢霍夫大街，前往另一端赫爾德大街的出版社。那裏的人對我來說也都是木質的，稜角突出、生硬，有時又很喧鬧。

他們的秩序觀念有時可以升級到奇異的狀態。我曾不止一次經歷過這樣的事情：電車司機突然高喊著追趕一輛小轎車，只因爲他認爲小轎車違反了任何一條法規，這時他完全忘記了他身後高聲抗議的乘客，他們要求激動的司機在他們要下車的車站停下來。一直到電車越過很多車站以後，這位激動的司機的情緒才會安定下來，才嘟噥著讓電車又按常態行駛。

義大利導演費里尼曾在他的影片《卡薩諾瓦》的「符騰堡宮廷」一幕中，誇張地（這是他的風格），但極其典型地表現過這種滑稽的「馬克斯．波羅特」式的舉止。我很欣賞他的影片。而這部影片我看了多次，每看到這一幕我就會想到我在斯圖佳特的經歷。

當然並不是一切都令人反感的，並不像人們想的那樣。它是陌生的。另一種樣子，對我們是不可理喻的。我們當時是一批年輕的出版社職員，幾乎都是「外來戶」，都不是本地人（在我們這個地區不說「土生土長」這個詞！）。一到星期六，我們就常去離我家不遠的那家「考赫巴什」酒館，它是由兩個乾老女人經營的一家十分舒適的小店。這裏不僅供應味道極美的烤肉和手工自製的麵疙瘩，當然還有當地的幾種名酒。我們到那裏去，是爲了觀察那些「土生土長的」人！晚上十點鐘左右，那些愛在這兒喝兩盅的老斯圖佳特人，被當地特色酒杯（Hävele）中的內容燒得有些醉意以後，就會開始他們韻味十足的粗野幽默表演了。最後這往往變成一場在任何其他地方都看不到的粗獷而迷人的民俗土戲。

在格奧爾格・蒂莫出版社裏，當時籠罩著一種專制的工作氣氛。出版社老闆H博士過去一直在他父親管制下過著卑躬屈膝的生活，老家長去世以後，接管了出版社。他是一個難以接近又捉摸不定的人物，接管以後把過去遭受的全部專制手段又如法炮製。他有一個領導班子，包括襄理格羅依納博士、負責編輯和法律的阿西姆・蒙格、銷售部主任希里西先生和製作部主任齊姆尼克先生，我們這些下屬在他們手下工作，總有一種人人自危的感覺。其中的最後兩位先生，還是和「老先生」一起從萊比錫過來的人，在他們臉上有時還可以看到笑容，或者聽到一句玩世不恭的小笑話。軍事化領導是這個公司的祖傳秘方：監督就是一切，別出心裁是絕不允許的！

製作部只有一個長長的房間，長度和出版社大樓的長度一樣。裏面用玻璃隔牆分開若干小房間，每間面積爲一・五公尺乘三公尺，五、六名製作人員就在其中工作。我們坐在裏面觀察著印有血管病變或肢體骨骼變形的彩色印張，用我們的網目標尺計算圖表的網目，測量醫院的作者送來的照片，檢查彩色底片上的被淋病病菌侵蝕的生殖器是否清晰，色調是否和原版底片有絲毫不符，以便在我們生產的教學和專業書籍上用高級紙張印製的插圖準確無誤。

如果我們有時從這種高度集中的視力工作上抬起頭來，把目光從視窗射出，停留在那外面能消除疲勞的夏季綠色上，哪怕只有幾分鐘，那個坐在玻璃迴廊最前面的老齊姆尼克就像一個持鞭看守一樣，敲起第一個窗子，他後面的製作人員接著往後敲，然後一個接著一個，一直到達那個夢幻者的小玻璃屋，他不得不震驚地向前看，接受製作主任的警告手勢，乖乖地繼續工作。

這種工作作風產生的一個後果，就是那個「五穀輪迴」的場所成了大家爭奪的地方，我們總是要到那裏去抽一支煙，或看一眼「斯圖佳特新聞」上的訊息，但卻很少在那裏做本來應做的事情。

但在我們這些馴服的員工當中還是有一個人，他不僅不亦步亦趨地跟著幹，而且還以他年輕調皮的無所謂態度，去破壞，去譏諷，去醜化它。他是這個莊嚴肅穆的公司中的一隻花鳥，常給我們晚間的聚會帶來歡樂。剛剛二十多歲，還沒有成熟，但卻已經可以講出他年輕生活中所遭遇難以置信的冒險經歷。這個純正的巴伐利亞閒談家，很早就離開了溫馨的家庭，完成了排字工學徒期以後，在西柏林的瓦根巴赫出版社製作部初顯身手，在那兒愛上了一個東柏林的女孩，跟她去了民主德國。在建設出版社找到了一份工作，後來由於在情場沒有成功，又在西方冒了出來，在當時東德實行僵硬的邊界政策情況下，這是一個了不起的事件，就彷彿一名已死去的人從陰間又返回到了陽界。

他叫弗蘭茨・格雷諾（Franz Greno），就是這個弗蘭茨・格雷諾，二十年後用古老的凸版印刷法製作了漂亮的系列圖書《另一種圖書》，從而獲得了彗星般的升遷，成了媒體追蹤的明星出版人，幾年以後又同樣彗星般地隕落。當時這個藍眼睛的翩翩少年，懂得怎樣去整治齊姆尼克這隻老熊。他可以做任何事情，他實際上也在做一切事情。

直到有一天他被開除了：弗蘭茨主辦一項衛生部資助的專業雜誌，準備出版兩萬册，在出版描述上當然要標明資助者的名字。不知是製作部哪個搗蛋鬼故意用製作人弗蘭茨・格雷諾的名字取代了真正部長，確信下面的三道工序肯定會發現這個錯誤。後來的幾個檢驗員卻都對這個幼稚的玩笑感到有趣，未加校正就放行了這個印樣。最後一名檢驗者就是弗蘭茨自己，他也就原樣不動地交付印刷了，於是帶有假部長姓名的兩萬份雜誌得以印刷和裝訂。

出版社有個習慣，就是每個製作人要把剛做好的產品拿出三份親自送到社長H博士那裏去，他要仔細翻閱出版社的新產品，而且很少是不做某類挑剔的。我們可以想像，對這次的產品會發生什麼樣的風暴。

我在這個出版社所受到的磨練，對我技術能力的發展並不十分重要。我在這裏當然又進一步獲得改善和更新，但用當時學到的製作技術，在技術已飛速發展到用電子排印的今天，我恐怕在這個世界上是無處可以做書了。

對我更重要的是那種令人厭煩的領導模式，使我在斯圖佳特這段「學藝」變得無可替代。我們在自己的職務內，被看作是未成年人，這同時也決定了我們的整個行爲。我們在那個不喜歡但又擺脫不了的權威面前，不論感情上還是舉止上都像是孩子一樣。只是到了晚上和週末我們才有自己的生活，周末我們就到鄰近美麗的施瓦本和巴登風景區郊遊。

當時我就下定了決心：我如果有朝一日承擔起領導責任，就要建立另一種勞動組織模式，一種可以把員工團結起來的模式。我要透過資訊和信念樹立共識。我在以後的三十年所奉行的合作式的領導風格，在當時就已有了初步的理論根據。

其實，那還確是一個歡樂而沒有負擔的時光！從幼年時起，我還從來沒有如此輕鬆、如此無憂無慮地生活過。那是一個過渡狀態，一個過渡時期。只要它存在，我就要充分享用它。我想，當時聚在一起的所有的人，都是把這個階段看成是上學時期已經結束，但真正的生活尚未開始的時代。

但這也是一個回歸的時代，重新潛回幼稚無瑕、無謂貢獻、輕鬆少慮的狀態之中。或許是施瓦本環境的沉重，或許是出版社壓抑所產生的沒有職業熱情的心態，或許是即將到來的六八年解放運動的時代精神所致，才使我們有了這段置身局外的短暫時期。

同樣是在這個木箱式的斯圖佳特，當時也發生了熱鬧的示威遊行，人們打著彩旗，主要是紅旗，呼喊著放肆的口號。斯圖佳特人對這一新的社會現象所報以的主要是驚異，而沒有感到是一種挑釁。但對我們來說，卻是預感到了一種希望已在空氣中形成！

值得注意的是，在與我幾乎日夜相處的蒂莫出版社同人中，卻未能產生持續的友情。這只是一種偶然的「患難集體」，另一個框架出現以後，它也就自行消失了。

本書開頭提到的那位赫爾穆特・甘，當時是公司主管的助理，他是握有關鍵職務的唯一的斯圖佳特人，也是地形、酒館和公司領導動向的知情者。還有那對荷蘭夫婦，弗羅文和費珂・斯納特。我在八〇年代末又見過費珂一次，他當時曾以荷蘭大出版社耶勒斯維葉

（Elsevier）出版社主管的身分出現，但成績不突出。還有另外一個人緣很好的荷蘭人範·達倫，在我離開斯圖佳特不久，就患絕症去世了。此外，除了弗蘭茨·格雷諾以外還有一位芬肯施太因女伯爵，還有艾爾珂·莎爾，兩年後她隨我去了AUM展覽部，出版社的主任秘書托伊菲爾夫人和電話員兼接待員克莉斯蒂娜·A。

克莉斯蒂娜是一個長腿苗條的女人，有一張娃娃臉。剛剛結束了一段不幸福的婚姻，內心充斥著對生活的變態的渴望。

克莉斯蒂娜對我這個不久前喪失愛情而至今未能克服這一創傷的人來說，同樣我對她來說，都是一拍即合的伴侶。我們擁到了一起，就像兩隻饑渴難耐而發怒的野獸，每人都在另一個人身上尋找其他的東西，而不是需要另一個人。我們急不可待地衝入奔騰的慾壑之中，並上升至令人頭暈目眩的高度，然後突然投向那張寬大的「伯朗寧」床墊上，這本是我幾個月前爲我即將建立的家所佈置的一個溫柔之鄉。

當我離開斯圖佳特時，我同時也離開了這個女人。我離開了衆多的「朋友」，離開了我生活中的這段奇緣，它留給我很多嚴肅、鬥爭和勝利的烙印。我去了法蘭克福，沒有傷感，沒有離愁，也沒有留戀。

一九六八年七月一日，我在小鹿溝大街的「書商交易協會展覽公司」上班了。我當時還無法知道，它所主辦的「法蘭克福書展」，竟成了我後半生所奉獻的事業。

迷惑

華沙公約國軍隊進軍捷克斯洛伐克，使杜布契克和他進步的同志們充滿希望的布拉格之春嘎然終結。八月二十日早上，這場事件惡夢般的結局，壓抑在所有和我一起從法蘭克福郊區開往市中心電車上的人們心上，我當時在郊區博納莫斯租了一個帶家具的房間。在城裏，人們三五成羣地圍在一些行人手中的半導體收音機前。

我突然感到了現實政治的嚴肅性。我在電視裏經歷了與我同齡捷克人的巨大希望遭到暴力的破滅，吃驚地看著他們懷著無能的憤怒投向蘇聯的坦克。難道沒有什麼辦法嗎？難道真的沒有什麼辦法嗎？

我第一次意識到，正是那個曾向我們展示過人類社會主義平等美夢的大國，在向別人施加暴力，而且從易北河岸邊派遣了身著普魯士制服的德國軍人，去鎮壓那些再次嘗試挽救夢幻的人們。

我辦公室裏的展覽計畫上寫著，我在一年後要站在布拉格的文策爾廣場上，就是那個後來絕望的大學生亞恩．帕拉赫自焚的地方。我將在那裏的殘酷的佔領者尚未完全破壞掉的窄小的場地，展覽德國的圖書，以藉此尋求對話。

但是對這些在坦克砲口前撕開襯衣裸露胸膛的人們能說些什麼呢？說我們的書中有他們可惜未能獲得的自由嗎？我們能允許在饑餓的人面前如此畫餅充饑嗎？

在法蘭克福，我們同樣可以上街去遊行。我們同樣可以呼籲自由，同樣可以我們寄以厚望的社會主義的名義去這樣做，希望它能使我們從一個社會制度真正和想像中的桎梏及壓抑下解放出來，在那個被我們賦予了「資本主義」烙印的社會中，我們强烈地感覺到缺少自決的可能性而向它發起進攻。

但在這個時期使我迷惑不解的是，一支渴望自由的嫩芽在捷克以社會主義之名而碾碎的時候，我們這裏開始爆發反對社會中一切真正和臆想壓迫的學生運動，卻找不到多少同情和支援。不論是杜布契克謹慎提出的民主社會主義的綱領，還是在大幅海報上所表達的對契・格瓦拉和胡志明的崇拜，都幾乎没有受到重視。

「社會主義」遊蕩在每一個人的頭腦之中，但每人都把它與不同的東西聯繫在一起：在坦克之中，在坦克之前，或者在當時歐洲大城市的街道上。

但對我來說，這是僵化的開始，是各種虛僞的碰撞，是對我們經濟奇蹟之國過時的權威和標準的質疑，它已成爲這次文化革命真正的束縛。或許我也在依照一個烏托邦在行動：是一種建立在没有剝削和壓迫的社會的烏托邦。但我認爲這樣一個社會確是應該追求的目標，我們應當而且能夠逐漸接近它，儘管它永遠無法完全實現。

甚至到後來，當我進入所謂的「現實社會主義」社會中工作時，我仍然感到自己在追隨這個目標和希望。至於在思想意識上，我的行爲是否符合社會主義的信念，或者我在社會主義國家所進行的文化工作是否在推行剝削階級敵人的事業，對我都是無所謂的。

當然，在這個騷動不安的法蘭克福城市中，對我的一些新朋友和同志們來說就不一樣了。在後來的幾年裏，我常常在晚間激烈的辯論中被稱爲「被收買的階級敵人」、「奸細」、「階級利益的叛徒」，這當然是在下列前提下發生的，即大家都默認，那些言詞最激烈的畫家、社會科學系的大學生和年輕的建築師們，才是正確的階級覺悟的代表。

在這個以它命名的時代裏就已顯現出，在戲耍禁令和真正的政治權勢鬥爭之間存在著現實差距，這使那些最堅定的頭面人物，最終不是墮入了非關政治的邪教沉淪，就是落入藐視生命的紅軍派恐怖主義之中。

然而，六八年的事件並不是階級鬥爭，而是子女對父母的反抗。使我激動不已的，是大學生行動中那些自動自發的、無敬意的、挑釁性的東西。而那些政治革命家、那些聯合學生和工人的理想主義的言詞，對我來說只是嚇人遊戲的一部分，是不值得認真對待的，它無法抹殺這個國家這個制度存在的事實。我對權威有一種不可改變的信念，我很願意去抗拒它，但不願意看到那些造反的年輕人用夢想去懷疑它。只是當騷亂平靜一些以後，也就是到了七〇年代，我才吃驚地、但又帶著某種滿足看到，那些權威們確實變得不那麼自信了。

我的第一次法蘭克福書展

第二十屆法蘭克福書展，是我到書展公司後的第一個書展，但我只是一個觀衆。我當時是展覽部中的新手，沒有直接參加展上工作，只是接受了一些小任務和做些傳遞工作，所以我有機會在博覽會場地較從容地觀察這一事件的進行。

和我完全不同的是陶貝特，他身爲博覽會主席的自信，這次受到了沉重的打擊，儘管有不少人說不是這樣，但我認爲，這導致了他幾年以後決定提前辭職。

我有可能從容行事，但我卻無法獲取事態的全貌。在我的記憶裏，我始終看到那些激動異常、手舞足蹈的辯論的人羣。由於書展的擁擠我無法進入到爭論的中心，而只能在大部分時間嘗試到經理處的各個房間裏去瞭解情況。很多本來是道貌岸然的人物突然失去了理智，開口大聲呼叫，要見負責人，提出他們的控訴、批評或者要求。

一次，一個知名的作者把我抱住，打著嗝要求我立即找來博覽會經理，又一次，我碰到了一個噴著吐沫的激動的老出版商。此外，我還對一個同齡人（《革命拋棄了它的子女》的作者）嚷過：「誰叫，誰就沒理。」因爲我想解救被他抓住的女會計英格麗・倫茨，於是他怒氣沖沖地向我衝來，抓住我的衣領達十分鐘之久。有時在整個博覽會上籠罩著一種無可救藥的混亂狀態，使人們幾乎無法進行博覽會本應進行的業務活動。

只有到了每日博覽會閉館以後，我們這些工作人員才有可能從極度疲憊的博覽會經理那裏瞭解到，這一天發生了什麼事情。到了第二天早上，我們就可以看到新聞機構發表的趣味盎然的報導，但它卻和我們內部的表述截然不同。

書展開幕於一個星期四，從博覽會實際運作看，還比較平靜。AUM的董事會和交易協會的理事會針對前一年發生的反施普林格的自動自發遊行和希臘國家展台的被佔，於今年制定了嚴格的展廳秩序，但實施起來卻具有挑釁性。它涉及到每一個參觀者，人人都要在入口處受到嚴格的檢查。海報和標語橫幅在這裏就經過了篩選。

作爲其他的傳統措施，博覽會主管和董事會決定：在博覽會會場駐紮數百名警察，帶著一切應有的裝備：警備車輛、囚車、高壓水龍、犯人運輸車等。

當星期五身兼作者、財長和爭議頗多的政治家施特勞斯堅持要在賽瓦爾德出版社展位上對德國電視二台發表講話時，不安而缺乏自信的陶貝特陪同部長從地下通道來到了應去的地點。在這裏他又讓警察趕走在場等待的外國記者，儘管記者沒有絲毫的挑釁行動。當然他也發現了人羣中的兩個SDS（德國社會主義學生聯盟的縮寫。它是一個左翼的學生團體。——譯註）的領袖人物康本迪特和克拉爾以及五、六個似乎要抗議的人物。

他在回憶錄裏是這樣寫的：

「我拿起擴音器……站到了康本迪特和克拉爾唱主調的暴徒面前。我並沒有指望我的話能起什麼效果。身爲單個的人，我在人羣中是無能爲力的。我要求人們讓開通往出版社展位的路，但沒有效果。於是我決定讓警察爲我們開拓可用的空間。」

這次衝突還只侷限在五號大樓（現在的八號大樓）賽瓦爾德出版社附近的地段，但後來星期六在展出德國文學圖書的六號大樓發生的事件，就大大升級了。

SDS宣佈於星期六，一九六八年九月二十一日十六時，在第六大樓迪得里希斯出版社的一一四八展台前舉行一次「學習」活動，這個出版社出版了本年度書展和平獎得主列奧波爾德．森合爾的作品，學生們打算在這裏討論這本書在其本國的作用和關於美國黑人革命的問題。

陶貝特是這樣說的：

「我不能想像，在六號大樓展出文學圖書的出版社，會容忍SDS幾個小時的喧嚣活動，並容許甚至歡迎博覽會當局對此採取消極態度。策略地採取橫亙行動，我認爲是恰當的。」

於是，他安排於普通觀衆可以進入參觀的時刻，即十四時，開始讓警察閉鎖了第六大樓。在裏面的人必須留在裏面。外面的人不能再進去。只有展出者和記者例外。然而有一個既不是前者也不是後者的人卻被警察放行進入了六號大樓，並又毫無阻攔地離開了這裏：那就是新納粹黨NPD的主席馮塔登，他顯然是弄到了一張記者證才得以自由通行的。顯而易見，這件小事具有象徵性意義，而且被新聞界和抗議者大肆傳播。

在六號大樓門前出現了難以描繪的場面。凡是瞭解參觀博覽會的知識界觀衆是如何敏感的人，都會想像得出，這樣一種突然限制他們自由的做法會引起什麼樣的反應。

當陶貝特確信，那個「學習」活動在當時的情況下只涉及到六號大樓很小一塊地方時，他才撤走了警察，重新開放了大樓。

但在緊接著到來的星期日，出現了更加嚴重的情況。在向森合爾頒發和平獎的典禮之前以及典禮之中，衝向保羅教堂的SDS，在公衆熟悉的巴黎五月鼓動者康本迪特的領導下和警察展開了一場真正的街巷大戰。參加慶典的貴賓像聯邦總統呂布克和夫人威廉米娜以及獲獎者都不得不在從未有過的安全措施保護下進入保羅教堂。

慶典結束以後，大部分遊行者開始向博覽會方向移動。博覽會主管的神經終於崩潰了：

陶貝特下令關閉距離市中心最近的東大門。

這一決定是合乎邏輯的：一旦人們認為只有使用國家壟斷權力所握有的常規手段才能維護秩序，那麼當暴力升級時，就不可能突然回到靈活的措施上來。何況人們當時還有一種被剝光了的感覺。警察的主力都集中在城裏。在博覽會場地只剩下傳統的警衛，也就幾十個人。已經降低為軍事思想的行動這時只能要求把吊橋升起來，把圍牆加固，等待援兵的到來。

援兵確實及時趕到了，那是幾百名警察。於是，在保羅教堂前開始的內戰式的衝突，在博覽會門前繼續了下去。遊行者嘗試推倒大門或攀越圍牆；大樓一名警衛在衝上來的學生面前要關上側門時受了重傷（受傷是警察車輛造成的，在公布這個訊息時沒有描述這一點），參展國的國旗被扯了下來。到處在進行著「搏鬥」。可以想像，在這種形勢下，想進行正常的博覽會交易是不可能的。博覽會主管和書商交易協會由於動用了警力，受到一批有影響的出版商的越來越大的壓力，他們中有些已經關閉了展台或者威脅要退出展覽。博覽會的大門關閉了近三個小時，在這個多事的星期日快到閉館的時候，博覽會才又開放。

像「法蘭克福書展」這樣敏感的活動，是依靠其專業觀眾間的無障礙的交流和通暢的相互接觸而存在的，所以像這樣的干擾和衝擊，無疑損害了它最內在的核心。

幾家著名出版社明確的反應只是冰山的尖端。在它的下面幾乎所有的參展者和專業觀眾都在醞釀著不滿。即使沒有受到直接衝擊的人，也都感到身臨其中。一種循環現象首次顯現了出來，博覽會的參與者、公眾輿論和無形但有效的觀眾被這個出版機制緊密地連到了一起。誰也不願再作旁觀者，每人都在表明態度，反對或者贊成這個挑釁，左的或者右的，反對或者贊成博覽會主管採取維護秩序的政策。

又過了很多年以後，我們可以清楚地看到：即使不是整個行業，那至少是一九六八年的書商交易協會，在當時確是頑固的落後和保守思想與行爲的一個大本營。當時舉行書展期間，協會的主席還是格奧爾基（曾是反希特勒的施陶芬貝格運動的成員），他高度評價所採取行動的軍事價值和分寸，在這一年接替他職務的卻偏偏是個施普林格的代表，施普林格新聞集團在新聞報導上有著極右的傾向而受到廣泛的批評，這就是已不太年輕的烏爾斯坦出版社社長施蒂希諾特。而博覽會董事長凱勒爾是斯圖佳特出版社的老闆，是一個自由保守派人物，據說他要求死後穿著舊式少校軍服入葬，所以也不是一個開明分子。

對董事會成員溫賽爾德的立場，當時有不少猜測。他的蘇爾坎普出版社（Edition Suhrkamp）是當時左翼理論書籍的主要生產場所，但卻主要是一種商業行爲。對這些書籍的內容負責的是幾個前進的左派編輯，像博里希或甫施等人。溫賽爾德本人始終是個保守派，雖然還不算是頑固不化分子，但卻總對陳舊的價值津津樂道。因而他在那些日子裏搖擺於公衆之中，沒有明確表明自己的態度。

而那位和平獎金獲得者森合爾，他是塞內加爾的國家總統，法語詩人，文學非洲化學派的創始人（「老虎是老虎派的代表嗎？」），美學家和文藝家，是陶貝特建議向他頒發和平獎的：他不正是所謂的第三世界國家的新殖民主義精英的典型代表嗎？他更接近他的法蘭西文化祖國，而不是自己「糟糕的」故鄉。在越南戰爭引起關於第三世界擺脫原來殖民體制的辯論日益白熱化的形勢下，選擇這樣一位獲獎者不正是頑固不化的歐洲中心思想和歐洲主宰思想對時代精神的直接挑釁嗎？

我認爲，那些做此決定的人，根本不瞭解那個時代的另一種視覺。他們從古典角度認爲森合爾的詩歌是美的，而且這個「黑鬼」又受到了如此好的歐洲教育。至於他在非洲那裏做了些什麼，他們是不關心的。這種立場體現了一種無疑應該否定的精神。

這屆博覽會和我的前任經受的考驗，對我的觸動很小。這裏所爆發出來的東西，在我內心深處早有預料，甚至有些希望它發生。這一切都是那個時代所期望的，至少對我們渴求新鮮事物的年輕人是如此。此外，這也絲毫沒有觸動我的地位。我個人根本沒有受到挑釁，儘管我對公司日益增長的忠誠使我不得不對這樣的事件感到遺憾。但這種遺憾更多是針對「我們」的失誤，而不是針對我完全可以理解的大學生們激動的反應。

博覽會結束後，只過了幾個星期，我就登上飛機，去迎接我個人的冒險、個人的挑釁。十月四日，我和克勞斯·蒂勒登上了阿根廷航空公司的波音七二七長程客機，途徑達卡爾、聖保羅和蒙特維多，最後到達布宜諾斯艾利斯，我的第一個書展目的地。

第九章　騷動的年代

我從烏拉圭帕洛瑪寂寞的沙灘回到了法蘭克福。我在這裏度過了那個激動人心的一九六八年的聖誕和歲末，充滿著回憶和思考，同時也懷著急不可待的心情渴望著新的一年到來。

蒂勒爲我在法蘭克福東城找了一處小閣樓住房，我再一次賣力地爲我的年初就要到來的新家庭佈置了一個安樂窩。

德國正處於變化的時期。一九六八年點燃的火藥，舊德意志的秩序觀念以及尚未消化的納粹經歷和五〇年代非政治建設時期所構成的領導機制，先是陷入了不願相信的驚諤之中，然後是不知所措，最後是失去自信。到了一九六九年，社會生活的各個領域中，都顯現了解放的和開放的趨勢。

在政界，自由民主黨FDP內出現了新政策（作爲先導的是一九六八年弗萊堡黨代會上謝爾取代了右翼保守派的主席蒙德），社民黨政治家海涅曼出人意外地當選爲聯邦總統，成了「不順心的」呂布克的接班人。

布朗特在一場戲劇性的選舉之夜後，抓住時機，於九月二十八日與更新後的自民黨組成了聯合政府。他在執政綱領中也談及了對聯邦德國持批評態度的極端分子的心聲：

「我們要敢於建立更多的民主……我們要建立一個可提供更多自由也要求更多責任的社會。」

學生運動提出從現行對性和性解放的禁令中解脫出來的要求，後來可惜很快被商業化了，被某類畫報和郵購商店推上了市場。

「交媾是頭等的政治。臥室是世俗的墳墓。我們必須終於開始直接描繪性交。把情慾變成圖像和文字的作家和藝術家，都是手淫的開路者和形式主義的變態色情狂。去掉布幕！要求全景的戲劇！去掉窗簾！要求透明的房屋！要求全景的政治！我們在法蘭克福要求，把地鐵車站和總警備處變成愛情隧道！不要沒有床鋪的地鐵列車！……」

這就是騷動的左派一九六九年在法蘭克福發表的一份〈交通呼籲書〉中的內容。他們嘗試把政治革命和性革命戲要在一起。

一個意外的後果，是到處出現了「上空酒吧」。一批新的馬路小報淹沒了共和國，像《聖保羅新聞》、《世界都市快感報》、《撲撲！》或者《性會晤》等，均是每周發行量達五百萬份的報紙。還有七百萬人閱讀科勒在《新周刊》畫報上發表的「性教育」連載文章，比如關於〈女人在做愛時能感到什麼〉之類的題目。

「作愛，不作戰」、「賓館」、「事件」、「學校少女的報導」、「第一公社的裸體人」、「性革命」等就是報上的標題。而烏澤的性用品和性教育圖書郵購商店每年的營業額竟達三千萬馬克。

然而，令人置疑的後果還不只這些：六月十日，波昂的聯邦衛生部的女部長施特羅貝爾（社民黨）穿著她特有的家庭主婦服飾，向公衆介紹一本《性教育課程圖表》，它將在聯邦德國學校中新設立的性教育課程上作爲統一的教材使用。

這本圖表立即受到了性解放運動發起人的批評，因爲其中除了「用兩行半文字表述手淫和用三十二行文字表述性交外，只是講了生物繁殖及避免繁殖的技術」。但在學校裏引進性教育課程這個令人震驚的事實（根據各州文化部長會議的建議！）就已表明，議會外反對派的粉碎保守思想意識的口號，是如何深刻地進入了國家權力的各個領域。

六八年性解放觀念的另一個成果（和第一個刑法修正案生效同步）是取消了刑法的第一百七十五條，男性成年人之間的同性戀不再違法。這條一八七一年由俾斯麥引進的同性戀法規，在一九三五年希特勒法西斯時期曾進一步做了嚴格的規定，以致不少有這種天性的男人被關進監獄和集中營，其中很多人沒有再回來。納粹刑法的這條規定直到一九六九年（叫人難以置信！），納粹專制結束後幾乎四分之一個世紀，還一直是聯邦共和國有效的法律。

還有一點雖然不那麼重要，但或許值得一提，那就是隨著刑法的修訂，其他「不合時宜」的法規同時得以廢除。比如通姦不再違法，而以前則將被判最多六個月的監禁。又比如關於誘惑進行婚外交媾的條款，也因「失去現實意義」而被廢除。

新的運動

當時還有一個具有象徵性意義的事件，那就是「愛與和平」（Love–and–Peace）運動，它是美利堅合衆國的一種露天音樂會，其名字來自紐約北部的一個小城伍茲托克（Woodstock），但由於嚴格的條件限制，活動不是在這裏，而是在伍茲托克八十公里以外白湖附近，一處莊園的一塊二百四十公頃的田地裏舉行。原來預計有六萬人前來參加，結果約有五十萬人來到了伍茲托克音樂節場地，雖然天氣有時很壞，但人們還是在這裏伴隨著情愛、毒品和搖滾音樂，平和地在一起堅持了三天三夜。

對這些盎格魯美利堅的搖滾、通俗和民間音樂我從不以爲然，但那些名字像瓊・貝茨（Joan Baez）、裘・寇克（Joe Cocker）、吉米・亨德里克斯（Jimi Hendrix）等卻是人所共知的，還有那些搖滾樂隊，像「鄉下裘與魚兒」（Country Joe & The Fish）、「格羅斯比、史提亞斯、納許與揚」（Crosby, Stills, Nash & Young）、「誰」（The Who）、「傑佛遜飛機」（Jefferson Airplane）、「戰場藍調」（The Batterfield Blues Band）或者「山岳」（Mountain），就是它們使這「三日奇蹟」成爲全世界很多青年人所嚮往的神話。

音樂會的最後，吉米・亨德里克斯用驚人的變調演奏了一曲美國國歌。在這個天才吉他手的手指下，全體美國人的聖歌，變成了對（越南）戰爭和所有當權派宣戰的沙啞怒吼。

在越南的戰爭，特別是美國大兵在越南梅萊村對手無寸鐵的居民大屠殺的訊息傳出以後，反對美國和同它相聯的「帝國主義制度」的情緒進一步升級，從而使「支援第三世界」運動蓬勃發展起來。但人們在運動中卻不加區別和不加判斷地，把所有在我們地區出現的有色人種，一律加以抵抗戰士和悲壯英雄的桂冠。我在後來的幾年裏曾參加過不少這類團體的會議和活動，總是驚奇地發現，有多少陰暗可疑的人物，尤其是後來的拉丁美洲的流亡分子，是在這些思想意識幼稚的團體中「飛黃騰達」的。

披頭四和搖滾文化並不是那個時代青年人的政治運動，但卻是爭取平等地位的運動。一九六九年，音樂劇《毛髮》征服了聯邦共和國。埃森出版的《新魯爾報》稱這個音樂劇：「把一個青年人渴望完美世界的哲學，用形象和舞蹈表現了出來……」

披頭四於一月三十日爲影片《順其自然》演出了一場音樂會。滾石合唱團則以他們專輯《讓它流血》（Let it Bleed）中的熱門歌曲〈給我庇護〉（Gimme Shelter）和〈午夜漫遊者〉（Midnight Rambler）而聞名。而「熱鼠」（Hot Rats）則是美國吉他手弗朗克·札帕（Frank Zappa）唱片的標題，他是所謂的「地下」（Underground）派的重要代表人物。

另一方面，是母親們進行了回擊：荷蘭的童星亨利·西蒙（Hendrik Simons），藝名爲漢因傑（Heintje），以其一曲〈太陽還會重新照耀〉征服了四百萬聽衆，而藍調之王羅伊·布拉克（Roy Black）以其〈全身素白〉一曲衝擊歌壇。

與此相反，文學卻在社會和政治變革中走向文學機制的政治化，又誤入某種渺茫方向之中。君特·格拉斯（Günter Grass）的新作《局部麻醉》，提出了一個政治性的時代問題，但在藝術上卻遠沒有達到他早期作品的水準。同樣，當時出現的另一部新作品，希格弗雷德·

倫茨的《德語課》，描寫的是一個警察和一個政治上遭貶的畫家在納粹統治下的衝突，但未能獲得評論家的一致歡迎。而我卻懷著很大的同情讀了《德語課》這本書，因爲它的題材向我提供了研究納粹的機會。一九六四年在柏林成立的克勞斯·瓦根巴赫出版社，以其口袋書系列《紅書》的出版，開創了一個標誌。它想以此「促成一場層次不同參與者之間的討論，尋求公衆的參與，而不是宣揚已知的觀點，傳播可引導改變社會的真理」。

至一九六九年春季，《紅書》系列出版了有關蘇維埃民主、殖民主義、反權威思維、無政府主義書籍，以及兩種毛澤東著作。

一個叫「勞動世界文學」的寫作小組，其中包括瓦爾拉夫和馮德格倫，他們號召工人和職員寫他們勞動場所的日常生活。

在科隆成立了「德國作家協會」（ＶＳ），拉特曼（Dieter Lattmann）當選爲創始理事會的主席。新協會是一個代表其成員利益的團體。海因里希·伯爾在大會上作了一個引人注目的報告，宣告了後來常被參考的〈結束謙虛〉。協會要求對作者實行統一的同意書模式，改變版稅規定，實行公共圖書館出借圖書每次支付作者報酬的制度。

東德對聯邦德國左派運動取得的這些自由化成果，並不感到高興。在德國統一社會黨機關刊物《新德意志報》上，主管文學的赫布克，宣傳了文學的榜樣作用。我和他在八〇年代還有一些接觸。他說：

「人們無疑是追求藝術形象的榜樣作用。從規律上有必要，使具有革命性格、思想和感情的革命者日益多地成爲我們電視劇、電影、戲劇、小説和詩歌中的主人公。」

在東柏林舉行的德國作家大會上，克麗斯塔．沃爾夫由於《克麗斯塔．T的反思》，孔策由於《主觀主義的逃避現實》和《内心崇拜》而受到激烈的攻擊。

這是一個懷疑所有規則和標準的激動人心的年代。很多早已空虛了的東西，自動毁滅了。另外一些受到了直接的攻擊和干擾。時代精神就是變革，然而很快就表明，關於「向哪兒去」的問題，大家並没有取得共識，當時的一致意見只是：要審視現存的一切，要追根問底，而且要打碎一切不符合變革時代精神的東西。

這正是這個「文化革命」的真正的功績！它釐清了我們歷史上陳舊時代所具有的落伍而鏽滯的行爲準則。幾乎没有什麼人能夠擺脱這種認識的旋渦。甚至連那些寧可保留舊關係的人也不例外。

在書展上也出現了明顯的反思。上一年具有挑釁性的書展管理規定改成了「法蘭克福書展觀衆指南」。警察在書展觀衆場合的出現受到了限制。這一年評選和平獎得主的活動，採用了擴大提名的辦法，最後選中了德國心理研究學家和書刊作者邁賽拉特斯。同時，無數個出版小組、作家小組的會議，改而爲一個新成立的圖書生産者委員會所取代，來代表書展的公衆意願。大家雖然達成這個協議，但是仍然爲這個委員會的法律地位和責任問題爭論不休，最後在委員會發言人勃雷姆的斡旋下，才被承認是一個可以折衝調和的單位，也成了AUM董事會的合作伙伴。

同主辦者的擔心相反，一九六九年的書展進行地出奇的平靜。只出現了幾起個別的抗議行動，例如在南非展台，在格爾德曼出版社展台，或者在埃爾維特和莫伊樂爾廣告集團的展位上，也只是商業、銀行業、保險業工會激進的編輯施文格爾代表學徒爭取發言權和改善勞動和培訓條件而已。

在會議大廳舉行的有大約一百名圖書生產者參加的書商交易協會大會，也受到了衝擊，結果交易協會主席岔斷了會議，宣佈第二天移址於小鹿溝街的中央大廳舉行。從此以後，這種大會不再於法蘭克福書展期間，而是改在為此專設的每年春季書商大會期間召開。

在學生日益强烈的要求下，到處出現了靈活的反應和迴避。陶貝特鬆了一口氣，他實際也在這樣做。如果說去年他還陷入了青老兩代人突然發生的勢不兩立的磨盤之間，那麼今年他就可以在各級組織的同意下致力於建立自由化的原則和行動了。

我對他直至一九七四年離職前懷著某種信念所採取的自由化態度，是深表讚賞和敬意的。他在一次糾紛中所表現的堅毅對我產生了長遠的影響。這和當時的動盪的時代關係不大，而更多的是涉及到了博覽會政策原則問題。

為了適應公衆對文藝書籍展區的巨大興趣，博覽會當局決定擴寬展台之間的通道，並把各類別之間的空檔放鬆一些。但這只有增租偏離位於中心位置的第五大樓的另一個展覽廳才有可能。這樣，文藝類書籍展區也得加以分割。為了使展區內部相聯繫的鄰近類別不致破碎，陶貝特在展區中劃了一道界限，決定把相連的部分移至新的第五A展廳中去。將要搬遷的這一部分中也包括了烏爾斯坦出版社的展位，它的經理施提希諾特當時是書商交易協會的主席，也是當然的博覽會公司的董事會成員。儘管施提希諾特和烏爾斯坦出版社對此提出了强烈抗議，但陶貝特卻保持了强硬的態度，以致於烏爾斯坦出版社最終退出了一九六九年書展，只保留了一個小小的諮詢處。

我覺得陶貝特當時的立場是相當引人注目的，儘管我當時還遠不知道，這種地盤之爭，幾年以後也會降臨到我的頭上，而且不打折扣地貫徹已經決定了的佈局方案，是一名博覽會主管所應具備的生存戰略之一。因爲如果一旦事前的佈局可以改變，那麼今後再有不滿意的人就會以此先例爲藉口，要求擺脫他所不希望得到的地段。這將最後導致博覽會無法再進行必要的佈局。

當然，距離博覽會政策中這種根本性的思考，我當時還相差好幾個光年呢！儘管我也向此方向曾邁出了小小的一步。

我剛剛從南美歸來。蒂勒告訴我，他已離開了他的家庭，打算年中去墨西哥找他的印地安族的女友蓓阿特麗茨，準備重新回到純書商工作中去。他說，陶貝特已經推薦我做他的接班人，擔當國外展覽部主任。

他的話並沒有使我興高彩烈。其實我並不想在這個公司有什麼發展。我一直還在尋找著我自身的平衡。時代精神要求的是「存在」而不是「佔有」。我想求知，想獲得新的東西，想在家庭中找到不是紮根於德意志環境的祖國。這顯然是一種獨特的冒險。但我仍然接受了，接受了這個「部主任」的職務，主要是考慮到，我們無法知道前途是什麼，而且我只要在這裏還過得下去，就應當自己掌握命運。

回到南美洲

但首先我得完成在布宜諾斯艾利斯開始的南美展覽專案的最後一站——智利的書展，於是我重新踏上了前往庫諾南方省的長途旅行。我在科爾多瓦的「家裏」停留了幾天，然後就上路去智利的聖地牙哥，佈置展台的材料和展出的圖書已經先我到達了這裏，是我去年在蒙特維多裝船，然後在麥哲倫海峽經過火地島開往瓦爾帕拉伊索，從那裏再用卡車運到聖地牙哥。

這個由埃杜阿爾多．弗雷統治的國家，氣氛很緊張，到處進行著高度政治性的爭論和衝突。由社會黨、共產黨和人民行動聯合運動組成的左派人民陣線（Unidad Popular），攻擊大地主（Latifundistas）和企業家，要求進行土地改革和所有壟斷企業國有化。

準備展覽程序中，我所接觸的書商、經濟和新聞界人士，大多擁護以托米克爲主席的基督教民主黨，他們期望從這裏得到拯救，雖然已經有些失望，他們警告人們不要支援馬克思主義者薩爾瓦多．阿言德這個「說謊家」。

書展開幕前的週末，我受到一位德籍智利人的邀請，到他距聖地牙哥五十公里遠的莊園去作客，他同時還邀請了他的大資產階級的朋友們。當我來到那寬敞的莊園別墅時——主人專門派司機開車去聖地牙哥接我——已有二十多名顯貴的女士和先生在別墅的陽台上進行著熱烈的討論。

主人熱情地歡迎我，把我稱爲「德國的代表」（！），並介紹給他的客人們。他們都是些律師、企業家、法官、地主——我覺得他們都是些尊貴的和藹可親的人，當我喝完第二杯智利的民族飲料甘蔗酒（Pisco-saur）和檸檬汁以後，覺得很好喝，而且也放鬆了許多。這些可愛的人當中有幾位是德國血統，他們幫助我同其他客人交談，我乘興地向他們介紹我的展覽會，以及和歌德學院共同舉辦的文化節。

最後主人請我在別墅入席用餐。我們穿過一扇旋轉門，進入一間長長的大廳，大廳中央擺著一張幾乎和房間一樣長的佈置精緻的餐桌。主人坐在餐桌的一頭。我被安置在他的右側就坐。在這些友好而文質彬彬的人們中間，我感到很舒適，甚至很自豪，能在如此短的時間裏，進入有影響力的人士之中，爭取他們關心我的展覽。然而，席間不時進行的熱烈討論，卻幾乎完全是關於「國家危機」以及對左派威脅的恐懼。

湯端了上來，我把臉轉向主人——這時我看到了它。在這位友好的先生的背後的牆壁上：一幅以褐色和紅色爲主調的油畫上，「他」展現了出來，「永世之最偉大的統帥」，阿道夫・希特勒！

我在這個大陸上曾見到不少德國軍事偉人的畫像，興登堡、毛奇或者蒂爾皮茨等，比如在布宜諾斯艾利斯的德國俱樂部，然而，這裏，確實太過份了！

我好像中了雷擊，用眼睛緊緊盯住自己的鼻子。我該怎麼辦呢？難道我可以不去看它嗎？乾脆躲過這個「屠殺人民的劊子手」嗎？鄰座主人的友好的聲音打斷了我的沉思：他問我是否不舒服？我抬頭看了一下那幅畫，又看了一下他帶有疑問的面孔，說：

「請您原諒，我是否可以請您和我到陽台上去一下？」

他手裏拿著餐巾跟著我走了出來。「我很抱歉，」我說：「您在牆壁上掛了一幅畫，我必須遺憾地請您把它取下來，否則我就無法再回到餐席！」

他的臉色變得歡愉了起來：

「啊，原來是這樣！哎喲喲，您不是一個德國人嗎？那個人不是一個偉大的德國統帥嗎？或者您認爲，我如果在牆上掛一幅『拿破侖』，一個法國人會爲此而激動嗎？他最終不也是一個笨蛋，哈哈哈！」

有幾個客人也離開了餐桌，想了解我們爲什麼走開。大家都奇怪地看著我：難道這是一個左派奸細？怎麼連德國人都不能相信了！

氣氛發生了驟變。形勢一分鐘比一分鐘不能忍受了。我堅持要求把我送回旅館。主人氣忿地回到餐桌。其他客人也跟他走了。我一個人留在陽台上。過了大約三十分鐘，司機才把汽車開過來。

過了幾天，到了四月十日晚上，約四百名客人應邀出席我們在國家圖書館舉行的書展開幕典禮。圖書館的主人，優秀的湯馬斯・曼專家埃斯特班教授，德國書商代表陶貝特以及德國大使薩拉特向客人們致詞以後，智利教育部長帕契科按傳統爲書展剪綵。就在這時，突然從展廳的屋頂飄落下來成千上萬的小傳單，上面在一個猶太星上方寫著：

「一個猶太民族的德意志書展」

一九六九年我在智利看到的是一個支離破碎的社會。在一個觀念和信仰如此極端變態的地方，迷茫不安的中間階層總是渴望獲得資訊。而我們的書展正是得益於此，至四月三十日展覽會閉幕，我們取得了一萬零五百名觀衆的成績。

在聯合城市瓦爾帕拉伊索—比尼阿德馬爾，我只是做了些準備工作，一周後再由那裏的本地人負責展覽會的佈置和開幕事宜。

瓦爾帕拉伊索，終於到了瓦爾帕拉伊索，但這絕不是我當時在斯圖佳特所設想的樂園。天下著雨。我們在瓦爾帕拉伊索骯髒黑色的海灘旁吃著美味的鮮貝肉。當時的決策和對樂園之谷的幼稚的幻想到底有多久了？對我已經沒有了意義。

我還到了智利南部的康塞普西翁，後來我們在那裏也舉行了展覽會。繼續往南走，比如到我們這次巡迴展覽的最後一站瓦爾迪維亞，我已經沒有興趣了。我在聖地牙哥和人共同乘一輛出租計程車，用八個小時的時間在五千公尺的高處橫穿了安第斯山，這是一次難忘的領略大自然的經歷。

在布宜諾斯艾利斯我最後還瞭解了另一個南美的機制，聯邦警察（polícia federal），而且瞭解了它全部的腐敗和對人的敵視。我和多拉及她兩歲的小女兒貝羅尼卡在這個充滿壓抑氣氛的總署和氣味難聞的綠漆房間裏度過了兩個星期，被一個無精打采的官員推向另一個官員，幾天以後又回到第一個官員那裏。我們的願望只是爲多拉和貝羅尼卡申請護照，幾月前就在科爾多瓦提出了申請，而一直也沒有辦下來。

兩個星期過去了，我的財力業已枯竭，只好踏上返回法蘭克福的行程，把她們兩人委託朋友們照顧，自己去繼續奮鬥。

在智利停留期間，我的父親去世了。而我自己突然有了家庭，並且成了父親。成了父親和上級。兩個領域都向我要求決策和責任。可我不是一直在逃避我的父親嗎？我的一切不都和我不斷抗拒父親和權威的行爲有關嗎？我不是和每一個男孩一樣在模仿自己的父親嗎？只不過是一個拋下母親和孩子的有罪的父親。我不是認爲父親要對希特勒德國所犯下的罪行承擔責任嗎？我不是也因此而感到有罪嗎？

在這個新的生活組合面前，我沒有絲毫準備地陷入了內心的矛盾之中。在我心中出現了鬥爭。我不願意也不能夠接受父親和權威的角色。權威不論從何方而來，對我來說都是腐敗的。我青年時期的胡作非爲，我對老師和父母的反抗不都是出於這個理由嗎？我們對六八年運動從感情上感到親近，不都是跟仇恨父輩有關嗎？

我重新陷入了進退維谷之中：我從遠方帶來將與我共同生活的女人，將在不久以後在我身上看到那個過於强大的父親，她必須去愛他並去對付他。在公司中我掌握一個部，其中的工作人員都是非常固執和自信的人物，我如果在完成任務時不想失敗，就必須領導好這個部門。

我又要鬥爭了，而且我進行了鬥爭。

「我像一個被擊中的拳擊手，在那裏搖晃著。一拳接著一拳。我的神經在作痛。夜裏我清醒著躺在床上。我必須還擊，像打太極拳那樣打回去。

在辦公室裏我埋頭在寫字檯上。我知道，我在滿口胡言。任何人現在都可以把我掀下馬鞍。任何人。

日程，日程攪亂了我的腦子。『黑妞』說，我不務實。

『不要吼叫，這說服不了人！』

『上帝呀！我根本沒有吼叫！』

就是這樣。日子從我手指中流過。我什麼都沒有得到。我什麼都找不到。日子什麼都不是。日子嘗試停滯不前。我如果睡好覺，甚至可以幻想，事情就是這樣！」

（我那時的筆記）

布拉格

下一個展覽會把我帶到了布拉格。國際記者組織每兩年在布拉格舉行一次名爲「印刷大展」的博覽會，展出一切同報紙有關的物品，從印刷機和製書裝置一直到編輯用的鉛筆和橡皮。在社會主義「兄弟部隊」開進一年以後，我們取得了介紹口袋書這種圖書的機會，這種書型當時在捷克斯洛伐克還沒有問世。

這次口袋書展覽展出的書籍，是新成立的作家協會主席拉特曼從五十家出版社的九十二種口袋書系列中挑選出來的，共一千種。慕尼黑的版畫家霍托普爲書展設計了一幅獨特的海報並擔任了目錄裝幀的藝術顧問。同時展出的德國現代文學作家和著名科學家的畫像，嚴森、萊謝特以及艾德曼的海報都使得這次書展具有了公開性和吸引人的特點。向我們提供的展覽場地也有利於我們的工作。博覽會主管把會議大廳分爲兩個部分，鋪上了地毯，並安置了舒適的坐椅。

開幕式上，國際記者協會秘書長內斯托（羅馬尼亞）和陶貝特講了話。然後就開啓了觀衆人流的閘門，我後來從未在我們的國外展覽中見到過這樣的場面。人們很少提問，都默默地埋頭觀看展出的圖書。世界紀錄長跑運動員紮托培克來了展覽會三次。他在五〇年代曾是奧林匹克一萬公尺長跑冠軍和世界聞名的捷克火車頭，但這時已經不光彩地因不同政見被開除軍籍，他最後把他寫的一本書送給了他的「運動友人衞浩世」。我遇到了很多布拉格人，他們無言的嚴肅深深打動了我。到我們於六月十八日閉館時，有五萬零五百名觀衆參觀我們的展覽會。

我也結識了布拉格這個城市，卡夫卡、韋弗爾和里爾克的布拉格。一件比較滑稽的事情迫使我離開了展覽會幾天，讓我有機會仔細參觀這座城市。我從智利帶回了一種討厭的皮膚病，儘管經過德國醫生的治療，他們懷疑這是由於肝症所引起，但至此尚未好轉。正相反，和貝羅尼卡一同陪我來到布拉格的多拉好像也受到感染。她的皮膚上也迅速出現了濕疹。

我們決定到布拉格衞生診所去看醫生，那裏進行檢查的醫生只看了一眼，就揮手讓我們走了。他安慰我們說，這不過是一種疥癬，戰後一段時間他們那裏也曾廣爲流傳和引起恐慌，這是一種輕微的傳染病，但只要塗上合適的藥膏治療，三、四天即可痊癒。

當我們把檢查結果輕鬆地告知我們的捷克工作人員時，他們立即從我們身旁跑開，並決定，在我們徹底治癒之前，不許再和他們以及書展接觸。於是我們就這樣獲得了額外的假期，我們充分利用它觀賞了布拉格。

我以坦蕩的胸懷對待這個城市的氣氛，儘管它剛剛經歷過一場政治悲劇，儘管我們曾在遠方咬牙切齒地關注著它的發生。

「古老的布拉格，大皇宮和卡爾大橋——無謂的繁忙的交通。我愛布拉格，這個古老的布拉格——這個化石的時代。然而這裏的人似乎卻受著威脅。一種稀有的緊張，一種不安。表面上平穩行駛的電車，只不過是假象。

我從未見過那麼多人拖著斷腿、斷臂和斷指。神經似乎在高度緊張。古老的布拉格展現著它友好的面孔，但卻模糊不清。古老的布拉格就像旅途中的驛站，它消失，消失……」

（我自己的筆記）

布加勒斯特

然後就是布加勒斯特。「德國現代文學」，一個小的書展，只有四百本書，全部是文藝作品，是日爾曼學專家萊莫特選擇的，這之前曾在貝爾格萊德順利地展出過。

我們一共三人：萊莫特教授、君特・格拉斯和我。我們準備得很充分。展覽將在「作家之家」大樓舉行。格拉斯受到了羅馬尼亞德語作家同行的熱烈歡迎。但後來卻出現了耽擱。我們無法就開幕時間取得共識：康托洛維茨、約翰遜和比爾曼的書必須從展覽中拿下來，還有格拉斯與科胡特的通訊集《關於邊境的書信》。沒有任何理由。

這是我第一次遇到這樣的檢查問題。拒絕舉行這次書展的權力，當時早已不在我的手上。將在開幕式上講話的君特．格拉斯，從一開頭就拒絕這樣做。這一立場對我的印象很深。這是第一次，我看到一個人在明確地行動，不依賴外來的尺度。

羅馬尼亞的主管，我們一直不清楚到底是誰。反正有人在我們的談判對手作協理事會後面指揮。羅馬尼亞的作家同行們，表現得委婉羞愧，但始終嘗試說服我們做出讓步。

後來決定把我們的談判繼續到去羅馬尼亞省分的旅行中。我們分乘四輛黑色的伏爾加轎車離開了布加勒斯特。途中我們不間斷地到飯館裏品嘗油膩的羅馬尼亞鄉間菜餚（格拉斯拿起一只小羊的眼睛放在他蓬亂的鬍鬚下盯看）和數不勝數的羅馬尼亞李子酒（Zwika）。

到了晚上，我們在赫爾曼施塔德過夜。當我們在旅館門前走下汽車時，一個小男孩從混亂的人羣中向格拉斯走來，說：

「您是德國作家君特．格拉斯嗎？」

格拉斯點頭說是，並拉起孩子的手走到街角。最後一段路和我同坐一輛車的格拉斯又向我喊道：

「衞浩世，您過來一下，我不知道這個小孩想說什麼！」

我來到兩人身邊。男孩拉著格拉斯拐過另一個街角，進入一所房子，從後門再出去，再拐向一個街角，再進一所房子，下了地下室的樓梯，通過一條走廊，最後來到一扇白漆的門前。男孩推開了門。我們進入一個拱形大廳，裏面坐有百餘人，正在充滿期望地望著我們。一位白髮老者站起身，邁著緩慢的步子向我們三人走來。他躬一躬身，伸出一隻手臂指著大廳：

「赫爾曼施塔德的耶穌教團聚會到了這裏，已經等待你們多時。我歡迎德國詩人君特・格拉斯！請您坐下！」

我們在他們對面坐了下來。大家都在望著我們。室內異常寂靜。就在這寂靜中，格拉斯說：

「一位天使走過這個房間。」

廳內響起了一陣竊笑。老者說：

「格拉斯先生，請您爲我們朗讀一段您的作品！」

「可是，孩子們，你們怎麼會有這個想法。我身上什麼都沒有帶。」

就在這一刻，那個小男孩拿來了一摞書放到桌子上，全部是格拉斯的作品。

這一小小的經歷，它的每一個細節都留在我的腦海裏：從這些人內心表現出來的對作品和作者的虔誠，這些普通人爲了聆聽他們「德國詩人」的作品所展現的勇氣和耐心，都深深刻在了我的心上。我從未有過這樣的機會，經歷如此沁人肺腑的文學會晤。

經過二十分鐘的朗讀以後，那個男孩又把我們送回旅館，由於我們神秘的失蹤，這裏已是一片混亂。臭名昭著的秘密警察這次大概是睡覺了。

展覽會無限期延期。格拉斯在大學舉行了公開朗讀會，雖然事先未做宣告，但大學生們還是蜂擁而來。正當我和德國使館文化專員積極發放書展的目錄時，我接到通知，必須乘下一班往德國的飛機離開這個國家。

還要講一段產生於此次未完成但卻經歷豐富使命的友情。他是羅馬尼亞作協的理事，用匈牙利文寫作，講一口漂亮德語的作家亞諾什・紮斯。他陪我們乘車旅行，有時也惡作劇般地以玩世不恭的態度講一兩句羅馬尼亞模式下知識分子如何生存的問題。我很喜歡亞諾什，他是一位感情豐富的熱心人，也是這個國家中向無法忍受的狀況進行戰鬥的知識分子。他當時外表上看起來，就像是一棵乾枯的大樹，但他的機敏卻會像箭一般地從他身中發射出來，正中合適的靶心。

亞諾什曾和他的妻子看望過我，她是德語女詩人阿內莫娜・拉齊納，曾多次去法蘭克福。在一個寒冷的冬天夜晚，當亞諾什發現我同當代的德國文學很少接觸時，他立即決定要改變這種狀態。就在當天晚上我們帶上老婆孩子，乘上我們的大衆轎車前往杜塞道夫。我們把孩子放到朋友那裏，然後就開始了在大雪覆蓋的公路上前往柏林的探險之旅。在那兒我們先後來到了格拉斯、瓦根巴赫、東德詩人卡勞的家中，最後在東柏林的紹塞大街看望了比爾曼。

晚上，當比爾曼在他的住宅裏終於要唱歌的時候，唯一客人的我卻不得不向他告別，因爲身爲西德人，我必須在二十四點以前通過腓德烈大街的關卡回到西柏林。我憤憤不平地穿越紛飛的大雪，走過一九六九年年終柏林的冬夜。

第十章 異化

我想從自己的身體裏
站立起來，
變成另一個人。

我在自己的血肉中浮游，
像一隻死去的鳥，
漂在油污的大海。

逝去的習俗
扼住我的喉嚨，
在這裏，
在那裏，
我的存在時而顯露

一個概念的
商標，
時而是繪畫，
時而是印章，
時而是被人理解的書。

外界，
風還吹動
棕櫚的翩舞，
遠方，
夜還展現
深邃的時空，
恐懼變成歡笑，
愛情如蕊欲出，
從天而降
刺破了長天，
那裏是歌苑，
那裏是樂土，

那裏
卻沒有我。
（一九七〇）

夜鶯是這樣說的。在我的學徒年代和遊歷年代，我始終控制著它，而在五〇年代和六〇年代初，我還放任它向我施加很多影響。現在，它又從被我流放的陰影中走了出來，因爲我已經決定在法蘭克福的現實生活中，尋找一個位子和我屬性的歸宿。

夜鶯是另一個我，我覺得這是一個得到改造的我。那個猶豫不決的夜鶯，曾體現我的敏感、混亂和求新的夜鶯，由於這樣的性格已不再時髦，現在常常站在我的身邊。它好奇又驚訝，但也悲傷，睜著大眼睛渴望愛情和認可。它註定要沉默，不得不常常陷入沮喪和頭痛之中。

我不時爲它開啓一個閥門，讓它發洩。這時，它就抽搐著寫出些低沉的小詩，表達它從陰暗的經歷中對一個明亮、人性真諦、未經異化和自由的世界的渴求。它同時還表達了這即將開始的七〇年代賦予我和同我一樣保持青春的人們的基本感情。

當時對變革的期望是巨大的。而現在開始了抱怨的年代。很明顯，以衆多變革而著名的六八年文化革命陷入了停滯。每一個參與者（我們都是某種參與者），卻對此有著不同的反應。有些人更激進了（當然盡是空談！），企圖使明顯停滯的「革命」重新啓動起來。也有些人，他們是最堅定分子，激進到滑入恐怖主義的紅軍派的近旁，或者在思想上陷入了毛澤東和卡斯楚的革命口號之中。另一些人，那些溫和而脆弱者，曾想在六八年的混亂中尋找庇護和在壓抑中獲取自由的人，則投入到印度奧修大師靜坐的誘惑或者「新世紀」運動中。

而像我這樣的人，雖然肯定那個年代事件中迸發出的希望，但卻明確地走自己的道路，和很多其他正在工作的人一樣，經受著現存權力和等級制度的突然考驗。我們很願意相信無剝削社會的口號，也追求在我們小小的勢力範圍內得以實現。

剛剛開始的七〇年代，向我們提供了各種機會：希望和變革、復辟和逃逸，堅持已宣佈的口號和已變成空話的政論，體會與社會的矛盾和對社會的依附；尤其是工作秩序中出現的異化現象，成了當時議論最多的話題。我穿過各種立場和觀點的紛亂的交織，發現了自己的問題。

多拉

我把一個外國妻子連同她的孩子帶回國，我曾希望——這完全符合那個時代的思想——建立一個新的、無壓抑的、不受任何德國傳統歪曲的內在空間，建立一個小家庭，透過其不同文化的組合爲我的生活帶來素材。我想使這個充滿衝突的冒險，在我的私生活中完全形成另外一種思想、存在和行爲。我願意這樣做，我一直想成爲另一種人。這大概是我最後一次浪漫主義的行爲，帶著當時的時代意識，確信這一切都是可行的。

爲了這樣做，我和多拉有過共識。我們兩人都帶著時代的烙印和受到當時巨大可能性的誘惑。但我們很快就發現，我們高估了我們可以對外顯示的能力。我們低估了七〇年代我們生活的這個國家外界形勢對我們的影響。我們忽視了不久將在我們每人身上顯現出的自我存在意識。

多拉對自己扮演的完全是母親的角色越來越不開心了。她在我們位於法蘭克福東城公園旁的住宅裏感到無聊乏味。我不斷出差國外，對她來說簡直是一種惡夢。只要能安排，我盡量把她和貝羅尼卡也帶上。但她卻越來越感到悲傷。她的黑色眼睛失去了光芒。她開始抱怨自己、抱怨我，也抱怨她被帶進的這個國家。

她尋找朋友和可以對話的人，最終在外國流亡者和團結組織中找到了知音。於是在我們的住宅中一下子就充滿了異國口音和異國長相的人羣，開始時我還感到興奮和有趣，隨著時間的推移，我開始感到厭倦，何況我的西班牙語——他們幾乎都來自西班牙語世界——還只處於初級水準，而且這麼多人每日在我的住宅中出出進進，使我工作勞累一天以後，幾乎沒有地方和時間休息。

没有多久，在這些大多於困難的條件下背井離鄉在這裏過著社會邊緣生活的人中，我卻變成了真正的外國人。

一個德國人，有著固定的職業，錢賺得也不算少，而且還有一本「好用的」護照。但他又不是一個真正的德國人，因爲真正的德國人都在我們的住宅之外，我們的生活圈之外，都是些排外者，都是種族主義者！所以他們都親暱地叫我：「叛逆的德國人」（Alemán degenerado）！然而，以這種模式同這些值得尊敬的外國「同志」卻無法建立起友誼。我逐漸成了我自己家中的外人。

我不是流亡者，也不是「第三世界」被剝削者的高貴代表，按當時的說法我們第一世界的人是在他們的養活下生活的。但是，她，多拉，嚴格地講，也不是他們的人。她只有這些人的外表。但她卻開始把自己完全當成他們的一份子，並在感情上日益跟與此不同的人劃清界限。

接踵而來的是，我們從法蘭克福外國人管理局得到了驅逐多拉和小女兒的通知。因爲，一九六九年她們是拿旅遊簽證入境的。實際上，這倒是結束我們文化交叉試驗的時機，因爲日益擴大的「破裂」，就像人們對婚姻狀態所說的那樣，已經十分明顯。多拉對這個國家的憤恨日益强烈，並感到一種內在的威脅。同時她也毫不掩飾地經常把我和這個國家，以及它僵硬的生活與行爲方式聯在一起，要我對這種真實的和假想的非人道主義負責。我又一次爲我多難的祖國陷入了困境！

我茫然不知所措。她對我的攻擊是突如其來的和多方面的。我看到，她在我爲她設定的環境中受難。我不知道如何才能幫助她，但我卻不願意放棄努力。我感到應對所發生的一切承擔責任，而且我已經愛上了小女兒。另外，一個新的小生命正在來到人世的途中，我的女兒阿娜熙也於一九七〇年出生。

我們決定結婚，以便擺脫被驅逐的危險。然而這並不是那麼簡單。因爲阿根廷不許離婚，所以多拉還是已婚身分。我尋找出路，給當時的法蘭克福市長布朗特寫了一封懇求信。他幫我出一個非官方的主意，讓我找一個可以結婚的國家。我們這裏是不會調查兩人是如何結婚的，從而給予承認。

我到瑞典和捷克去詢問。最後找到了丹麥，在那裏人們理解我的尷尬處境，並且願意靈活簡便地幫助我們。

一九七〇年的耶穌受難日，驅逐令期限前幾天，我們在哥本哈根大學一個空空的大課堂裏由一位授權法律教授主婚和兩名正好在場的清掃女工擔任證婚人，舉行了簡單的婚禮。「你們已經知道，到這裏來的目的，」丹麥教授說：「我現在宣佈，你們已成爲正式夫妻！衷心祝賀你們，並祝你們復活節快樂！」然後他就消失不見了。

於是，決裂和分手得到了扭轉，但壓在我們關係上的問題卻依然存在。而且她變得越來越激進和不可捉摸了。我盡力去解釋她對我的態度。在當時的筆記裏，我企圖去瞭解她。

「在這條政治道路上，D能夠得到什麼呢？難道是一種自我實現嗎？或者是企圖摧毀自身的權勢結構呢？驅使她進行這些政治運作之欲望無論如何是出自她的內心的。對此加以壓制，是會產生不良後果的。

她是一個渴望自立的人，但卻沒有能力去實現它，因爲她內在的依附性顯然對她是一個障礙。她把我跟這一依附性等同起來，爲此下意識地怨恨我。和被壓迫者，和非法者站在一起，和他們共同鬥爭，共同期望解放，給她以一種取得自身解放的信念。

我對自己意圖的每一次貫徹，都增强了她强加給我的壓迫者的角色。她的影響力是很强的。有時我在她發射出來的戰火中茫然不知所措。」

在一個陽光明媚的秋日，我正在我們辦公室不遠的一家「烤腸小店」同來自巴西的書商客人聚會時，我的同事奧羅夫斯基夫人穿著黃色的襪子慌慌張張地衝進了餐館。

「彼德，你妻子出事了！你必須馬上到醫院去！」

「出了什麼事？」

「汽車完全撞毀，其他我就不知道了！」

「孩子們呢？」

「我不知道！」

我趕了過去。好在孩子們無事。這是一個警察和每個人都無法解釋的車禍：在一條直路上，多拉開著汽車以只有每小時五十公里的速度，而且沒有任何外來的干擾，勁直地撞到了一棵樹上。她是去把貝羅尼卡從學校裏接回來，同時還捎帶回一位西班牙鄰居和她的孩子。此外，小阿娜熙也在車裏。

發生了什麼事？是一次絕望之舉嗎？是一次下意識的自殺嗎？我無法解釋。我再一次感到自責。多拉從車窗中摔了出去，把眼球跌了出來。坐在旁座的西班牙婦女臉上受了較重的割傷。

當我趕到醫院時，眼球已經又縫了上去。她沒有說話。我們兩人都沉默著。我握住了她的手。這時她說：

「他們爲我縫眼球時，我向他們要一隻手。他們把一只椅子腿塞到我的手上。」

我感到沮喪和自責。難道是我的失誤和無能，沒有給我所愛的妻子以溫暖的庇護嗎？是我把她帶到了這個冷漠的國度。我應該，我能夠怎麼辦呢？

幾個月過去了。生活又轉入了正常。但在我的內心卻滋長著日益增長的不安。我沒有能夠爲我的妻子、爲我的孩子創造一個我所渴求的自我天地。在多拉和她的政治朋友面前，我越來越感到孤立。

政治辯論變成了信仰辯論，這使我很不舒服。我已經放棄了參加討論。社會主義到底是什麼，或應該是什麼樣，自從社會主義兄弟軍隊進入捷克，我就已經不知所以了。

在很少的寧靜的時刻裏，如果家裏清淨了，如果多拉去參加政治集會，如果孩子們已經入睡，我就開始和我不安的心緒展開鬥爭，辦法就是讀書。我懷著內心日益增長的壓力和越來越强的好奇心在讀書。沒有順序也沒有系統，凡是到手的所謂進步的書籍我都讀：毛澤東的《矛盾論》和《實踐論》，契．格瓦拉的《經濟和新覺悟》，列寧的《怎麼辦？》和《國家與革命》，以及瓦勒里．馬素和赫爾曼．維波的《列寧傳記》，伊薩克．多以徹的《史達林》，和三卷集的《托洛斯基傳記》，我還讀馬克思的《資本論》，羅森貝格的《民主與社會主義》，勒維爾的《假如沒有馬克思和耶穌》，巴蘭和斯維其的《壟斷資本》，弗洛姆的《馬克思的人性觀》，弗萊勒的《被壓迫者的教育學》，埃爾內斯托．曼德爾兩卷集的《馬克思主義經濟學》，勞赫的《蘇聯史》，弗蘭克和契．格瓦拉的《資產階級反帝國主義論批判》，策塞爾的《殖民主義論》等等。今天這些書早已從我的藏書中淘汰或借出或遺失，總之早已遺忘。

在那個危機時刻，我嘗試用外行的政治手段尋找一個立場。我一再地自問：我是誰呢？我屬於哪裏？我的利益在哪兒？我置身於我妻子及其朋友的道義和政治需求之間，在感情上我完全站在他們一邊，在實際中由於我工作的思想意識背景，受到朋友們的譴責而使我體無完膚。我按照我的出身和時代精神以及我的階級屬性在尋找答案。當時我寫道：

我的階級屬性：中等中產階級。

職業：經理人員。

能力：可以做事。這是一種我父親就具有的能力。像我這樣出身的人都做得到這一點。他們不太理會工作的意義和目的。他們的理想是，把工作做好。他們喜歡他們的工作，致力於去解決實際問題。

不懷疑當權者，把當權者的事情看作是專家的工作，類似自己的工作。他們的驕傲就是使上級滿意。

政治形勢對他們是自然事件，突然出現了，他們沒有責任也沒有可能參與進去。他們討厭恐怖行爲和不公正現象，但是跟民主的關係也只是一種形式，只侷限於去參加選舉。

這種人在政治上是被動的、謹小愼微的、有義務感、誠實、理想化、守規矩、清廉、保守或自由派。

他們承認他們之間鬆散的友情，但不承認團結一致。

他們的生活是在個體主義範疇内的沉浮。一次失敗的婚姻即可摧毀一生。

這種人是一池靜止不動的水，他們不追求什麼。

在特殊情況下，比如遇到一個特殊不好的上司，他們有時也想改變。但最終還是忍了下來。

他們模仿很多東西，這些可憐人！他們沒有能力也不願意去欣賞眞正的藝術。但他們經常去劇院和音樂會。他們喜歡慶祝活動，像一般人一樣去慶祝。所採取的形式往往壓制眞正的歡樂。儘管如此，他們還相互表白歡慶集會中得到了極大的樂趣。

「異化」，幾乎沒有一個詞，像「異化」這個詞那樣受到人們的關注。

「彼德，我正在思考關於你的問題，」一個大學生朋友說：「我們不能不談論你，眞的！」

「是什麼問題？」

「我覺得，你是一個異化的屁眼兒！」

在那些日子裏，進步的詞彙中有三種不同的屁眼兒：「自由的屁眼兒」，「被收買的屁眼兒」和「異化的屁眼兒」！我在我的年輕朋友的頭腦中，已經成爲可以同時體現三種屁眼兒的人，而且經常引起他們憂慮地談論起我的革命健康狀況。第一種和第二種稱號，我還可以或多或少地泰然接受，但是「異化」：我感到了它。我在它底下受難。尤其是夜鶯，它一再用昏暗的圖像在反映它：

我曾是一個死人，
在一個死亡之城，
七把利劍，
插在
我肥胖的身軀。

我曾是一個死人，
有一千個死亡之願，
三部電話
震碎了我的耳膜。

我曾是一個死人，
在雪中裸體赤身，
恐懼
深藏在我的髮際之中。

我曾是一個死人，
活生生的，

只有
希望，
還不必死去。
（一九七二）

奇怪的是，今天幾乎已經没有人再談論「異化」的問題。但我覺得，我們大家今天在强大媒體和我們本能範圍內的工作程序作用下的異化，大大超過七〇年代初期我們那些年輕人。

異化的概念出自黑格爾，他認爲整個人類的歷史都是人類異化的歷史。這一概念從黑格爾傳到了馬克思，他把存在和本質加以區分。他認爲，人的存在對其本質而言是異化的，人並不是他的實體表象。換句話説，「他不是他應該是的東西，而應該是他可能是的東西」。

這一思想又傳給了八〇年代的大學生「解放者」。同樣在這裏，異化概念仍停留在情感的使用範圍内，這也表明了這次運動的非政治傾向和自發性，其唯一的目標就是從傳統和狹隘中解放出來。目標並不是從政治上改造，把工人變成商品，變成勞動商品的勞動程序，而是實現日益神秘化了的「自我」。

我們曾尋找但没有找到的「自我」，以及陰暗强大的社會力量，使我們從模糊但又從未明確定位的「自我」中獲得了異化，它把我們驅入無數自相殘殺的爭論之中，最終總是留下茫然不知所措的犧牲者。但這是我們在「朋友」圈内無所顧忌地最後一次提出這個問題：我們在這個世界上想做什麼？

第十一章　逃入工作

一方面，自我懷疑在折磨著我，另一方面又要求我具備貫徹能力。我雖然有强烈的欲望，但仍然尚未「到位」。我又置身於「路途」之中。但沒有停留，沒有輕鬆，也沒有沉思反視的時間。

我不安，我缺乏自信，我被向前驅趕著。在這樣的時刻裏，一切信念每日都在重新變換著，自尊由於不斷出現的懷疑而幾乎找不到依靠；在這樣的時刻，我只能更加無奈地投向自身以外的日常工作的現實問題中去。我深入到公司的展覽工作之中。我雖然尚未被人所承認，但我對這個工作的特殊挑戰和特殊問題已開始逐漸有所認識。作爲這個部門的主管，我開始接受並充實這個新的職務。

十年後當我們分手的時候，多拉曾毫不客氣地說：

「你所獲得的一切，都應該歸功於我！」

儘管我當時用譏諷的微笑作爲回答，但我覺得這個論斷還是有一些道理的：假如沒有這個女人和她的朋友以及那個時代不斷對那時的我進行否定，我會如此奮力幾乎全心投入展覽工作，從而獲得相對的成就嗎？

我從那些暴風雨般的混亂中，投向同樣搖擺但卻穩定的工作領域。我嘗試摒棄一切使我缺乏自信、分散精力的東西，進入一個嶄新的充滿表象和實際的世界，它最終把我拴住了幾十年。

改革中的工作

我們在小鹿溝街的辦公樓因爲太小，所以展覽部有自己的辦公室，遠離公司主管的每日監督。我和同事享受著這種相對的獨立，也得以不受經理和其他同事審視目光的干擾，試驗另一種領導和組織方法。我可以在這個小小的工作試驗室裏，按照從過去工作經歷中獲得的想法進行實驗。我在各地展覽的準備和實施工作中所獲得的知識，包括組織方面、佈置方面、行政方面，以及展出和對工作人員的領導方面，都像進行沙盤作業一樣做了實驗，這些對我後來的工作產生了不可估量的作用。

我們遷入離原來工作地點不遠的凱薩大街一座漂亮的老樓裏。我明亮的新辦公室很暖和，現在想起來，似乎整日都有太陽照射。從這裏，我可以看到下面歌德故居的內院。夏天陽光好的時候，我們部門的同事常常坐在敞開的大窗台上，享用自帶的午餐。下面在所謂的歌德花園裏，經常有日本遊客，口中說著典型的「原來如此，原來如此」或者發生讚嘆，抬頭看上我們一眼。

正像我在哥本哈根裝訂廠曾成功地做過的那樣，在這裏我也先開始把各種工作程序系統化。我爲每個展覽會都設計了問卷和工作表格，上面盡可能列入所有重要的資料和日程，這樣就使每一名工作人員都可以隨時接管其他同事已經進行的專案。

這種做法後來顯示出它的必要性，因爲我不久就開始解散了原來的工作組合。過去的工作組由一個人組成（！），由他出訪和負責展覽會事宜，然後再配備一名女秘書，去完成「供應艦」的任務。我把女秘書這個從屬地位取消，任命所有工作人員均爲辦事員，當然仍保留二人小組的格局，但讓他們同在一間辦公室辦公，這樣所有資訊就可以同時爲兩名工作人員所獲得並瞭解。

對每年四十到五十次各種不同展覽會的情況，我也可以透過兩周一次的全部會議得以掌握。當然爲適應當時的時代精神，這種會議常常變成長達幾個小時、乃至整天對原則問題的辯論，而且很少獲得什麼實質性結果。這樣的會議實際是在議論政治形勢和考驗我們的立場。

我還記得，有一次，那是一九七二年五月十七日，波昂保守的反對黨基督教民主聯盟和基督教社會聯盟，在賴納·巴策爾領導下，向我們支持的布朗特總理的聯邦政府提出不信任案。我們進行了一場熱烈又病態的辯論以後，奔向街頭去參加支持布朗特的遊行示威。布朗特出人意料地頂住了保守派對他總理地位的首次衝擊，並於一個月以後在聯邦議會上通過了頗有爭議的東方條約。（一九七〇年八月十二日與蘇聯簽訂的條約和一九七〇年十二月七日與波蘭簽訂的條約，第一次承認了戰後實際存在的邊界。）

我的部門當時有五名固定工作人員：羅納德·維波、蕾娜特·里德巴赫、哈娜·弗拉陶、因格·埃里克·施密特·布勞爾，以及愛麗克·莎爾，還有幾名臨時工作人員，像安娜・格林瓦爾德等。當哈娜跟她的廚師夫君到倫敦去了以後，我又任用了伊麗莎白・法爾克作爲展覽會的「旅行」辦事員，不是女秘書，因爲我想打破一成不變由男人來旅行的陋規。這在今天已無意義，只能當作老生常談來聽聽。但在當時卻不是這樣，而是一個沒完沒了，帶有原則性的爭論話題。不久，我們部門這種新的結構就顯現出優勢，它完全可以靈活地適應日程經常變化的形勢。而且這種男女平等的突破，在工作技術上也顯現出積極效果來。

在斯堪的那維亞經驗的啓發下，我還做了一件事：我在部門內所有的工作人員中，不分長幼一律以「你」相稱。這無論現在看還是從歷史上看，都不是什麼轟動世界的改革，然而這個在當時的德國勞動世界中不尋常的做法，卻在工作人員和外界反應中，引起了莫大的混亂、莫大的爭論、莫大的誤會和莫大的濫用！

我們這種不規矩和離經叛道的做法，受到外界和其他部門同事，尤其是交易協會的非議。人們懷疑我們是左派革命黨人，是顛覆破壞分子。他們認爲，一個工作人員之間不分相互、上下等級不明不白的部門是無法認真工作的。在那些日子裏，在街上高呼「平等」口號的人，對每一個僱主來說，都是可疑分子。

我們周圍籠罩的不安氣氛十分濃厚，這可以從下列事實看出：二十年後當我早就擔任AUM的主席以後，原來展覽部內實行的同事間交往型式，已在全公司推廣，但上述的陳舊觀念仍未消失，在董事會中仍有人懷疑，這樣一個夥伴式的集體是否能進行嚴肅的工作。

即使在我們展覽部內，這種做法也是有爭議的。特別是過去出於附屬地位的「女秘書」，她們不習慣「上司」不再表示明確意見和不再發出可遵循的指示。一名剛剛來上班的女職員特勞德充滿壓抑地向我承認，她想辭去這個職務，因爲她茫然不知所措，精神上承受不了這個壓力。她說，在我們這裏永遠不知道界限在哪兒，在其他地方，她總可以把握住行動的分寸，而我們這裏她使用之空間卻是無邊無際的，她常常找不到自己合適的定位。這時我才清楚，我的這一步驟觸動了德國特有的專權機制。後來，我就對此感到後悔，但它已不可逆轉了。

當然，在工序的組織中還必須有一定的等級制度。但我卻幼稚地認爲，這樣一種「自然的」等級制度，會透過職務權限的劃分而自動建立起來，我也低估了熟悉的反應型式被剝奪後人們所陷入的不安。

除了按時代要求審視一切外，我還把有形的保護牆拆毀。由於我嘗試放棄專權式的高壓機制，讓每個人都按自己的思路擴大其勢力範圍，所以我在這集體之中也就毫不奇怪地失去了任何形式的領導手段。爲了完成我作爲部門主管的任務，我所能做的就只有一件事了：即盡我所能盡快進入業務專案中去！

在這樣一種額外的挑戰下，我全心投入到克勞斯・蒂勒的計畫，並準備在芬蘭和巴西的兩大展覽專案。

芬蘭

一九七〇年二月中旬，我啓程去赫爾辛基，開始這次展覽會的籌備工作，後來由迪特・安曼接管了這個專案。他在ＩＣＢ摩爾出版社任職，他老闆鮑爾・希貝克給他兩個月假期來做這項工作，展覽接著還在圖爾庫、坦培勒和伊維斯基雷舉行，也由他負責。

同我過去舉辦展覽的南美或東歐相比，這裏完全是另一個世界。這裏的氣候條件——氣溫在攝氏零下二十九到零下五度之間——使人們無論在哪裏都不能創造出熱烈的激情來。我在芬蘭最令人激動的經歷，就是首次洗芬蘭桑那浴，以及隨後在近攝氏零下三十度的氣溫中，在波羅的海冰洞中的沐浴，一名老年桑那女拿一把刷子在我身上用力搓擦，最後使我全身留下了滯血的瘀青。

這裏一切都是昏暗、素白和寂靜。在這酷寒中我沿著屋牆走著，只要能夠開啓一扇門進入一間溫馨的房間，就喜出望外。

在赫爾辛基展覽會開幕式上，芬蘭教育部長約漢內斯・維羅萊農盛讚數百年來芬蘭文學和德意志文學的淵源。實際從芬蘭文學萌發時期，從米凱爾・阿格里克拉時期就已存在。幾乎所有重要的芬蘭詩人和作家的作品，都曾在德語地區翻譯，基維的《七兄弟》甚至有四個翻譯版本。同樣，芬蘭文學也受到很多德意志文學的影響。德意志人道主義文學，尤其是戲劇文學同芬蘭文學有著相當多的聯繫，如果看一看芬蘭高等學府的考試制度，就會發現，德語科學著作仍佔據重要位置。

然而，如果我們提出希望繼續這種接觸，或者芬蘭夥伴中出現這種願望，我們就不得不看到，這個時代的芬蘭已發生了很大的變化。德國語言越來越喪失其吸引力。歌德學院院長稱這種現象爲「友好的失寵」。

出版機構對德國展覽的反應極遲鈍，甚至根本沒有反應。這與德國內部複雜的政治形勢有關。人們致力於最高度的中立，避免採取任何行動，造成偏袒德國兩部分中任何一方的印象。

這是我們戰後第三次——前兩次是一九五五年和一九六一年——在芬蘭舉辦有代表性的德國書展：共二十六類二千七百種圖書，我們嘗試以此向芬蘭讀者展示當時德國書籍的出版狀況。我們進行了昂貴的大面積海報和廣告活動。在整個巡展程序，我們取得了超過一萬觀衆參觀展覽的成績，連芬蘭人自己都對此感到吃驚。但這對習慣於以往輝煌成績的我來說，卻是令人沮喪的。

何況我們爲此特別下了功夫。我們一共三個人：想在現場學習展覽工作的公司管委會助理曼夫雷德·高索列夫斯基，迪特·安曼和我。我們勤奮地工作，不惜每日幹十到十四個小時，指望在這個缺乏自發情緒的國家有所突破。我們拜訪了兩家大書店的德語部負責人，極力說服他們能設立專門櫥窗給予支援。直到最後他們才勉强地展出了關於「第三帝國」的書籍，阿爾貝特·施佩爾回憶錄、伯爾、格拉斯和倫茨的作品。

外交部文化司司長部務主任施特爾策，專誠從波昂飛往赫爾辛基，參加展覽會的開幕式。我們還再次邀請伊淩·費徹爾教授和瑞士作家彼德·畢克瑟在展覽會期間朗讀他們的作品。

當我到赫爾辛基機場迎接彼德·畢克瑟時，出於禮貌想接過他的小提箱，這個和善的人卻突然把箱子從我手中奪了回去。我迷惑不解，覺得這個反應有些奇特。到了晚上，我在旅館裏翻開從展出圖書中拿回的他一本作品，想瞭解一下這位奇怪的客人，在一篇小說的開頭我讀到：

「母親說，你如果到國外旅行，永遠不要把箱子交給別人……」

我到斯德哥爾摩和奧斯陸對其他斯堪的納維亞專案進行籌備會談以後，又回到了法蘭克福。現在我必須積極準備在巴西的書展了，這次我將親自從頭至尾地關照這個展覽，以便瞭解這樣一個大專案中可能發生的各種問題。

我們還一直在尋找一名可以爲這次展覽整體設計的版畫家。迄今爲止的設計都不能使我完全滿意，或者都是些偶然遇到的人的作品，像斯堪的那維亞展覽時的雙頭商標，或者在比利時展出時由捷克流亡者揚·斯麥卡設計的「蛇眼」——斯麥卡很快就消失得無影無蹤了。

我在法蘭克福曾見到過一幅我很喜歡的海報，那是由奧芬巴赫藝術教授京特·基澤爾爲黑森電台設計的。我於是問他願不願意爲我們工作。基澤爾當時很忙，他向我推薦了一位「有才華的年輕人」，他的名字叫艾伯哈特·馬霍德。他和另外兩名版畫家克勞斯·亞諾什克及賴因哈德·舒伯特組成了聯合體。他們三人一起出現在我的辦公室，從這一刻起，這個藝術家小組不僅同我們合作至今，而且我們之間，包括我們的家庭之間也建立起了深厚的友誼。

特別是賴因哈德，他是一個細膩、善於思考、願意傾聽別人說話的人，我和他之間有一種兄弟般的感情。他不是一個自發性的藝術家，而是求索版畫作用、進行戰略思考的系統設計師，而另外兩位則是既定道路和目標的彩色實踐家。這是一個相輔相成的集體，始終決定著我們展覽會的對外形象。我們不再追求圖像偶然的爆發效果，而是由圖像語言專家制定整體宣傳規劃。

巴西

我們開始計畫巴西專案：我們要舉行書展的這個國家是軍政府統治的國家。那裏的軍政府殘酷迫害大多是左派的反對派知識分子，那裏有政府所容忍（甚至所支援的）有計畫剷除反對派的敢死隊。但反抗並沒有消失。德國大使艾倫弗里德・馮・霍爾勒本在里約熱內盧被地下組織國家自由聯盟綁架，就是例證。綁架前兩周，巴西大主教赫爾德・佩索・卡馬拉在巴黎說，巴西有一萬二千名政治犯受到經常的酷刑。

與此同時，德國在巴西的投資，這時上升到約三十億德國馬克。德國工業界成了僅次於美國的第二大投資者。

對這一事實，我們必須在德國干預「第三世界」的背景下認識。當時在這裏的德國文化機構，不是被看成是德國工業的隱蔽的宣傳機構嗎？德國工業界不是歡迎在軍事獨裁下的投資氣氛嗎？

爲了充分顯示這一點，根據福斯汽車廠董事長和一九七一年聖保羅德國工業展組委會主席庫特・羅茨的願望，我們的書展應成爲該工業展的一部分，首先開展。

然而，我們舉辦書展的前提卻完全與其不同。我們的目標對象是巴西的讀書人。我們堅信，只有在這些人中間，我們展出的內容才能被接受。我們尋求的顧客和德國工業成就展的觀衆是不一樣的。我們尋求與巴西的知識界進行對話，而他們都屬於左翼，對這種「都市大展」無疑是採取否定乃至反對態度的。

於是我們進入了一條狹窄的通道，一邊是我國政府自我表現的願望，特別要吸引巴西南部的德僑，讓我們成爲德國工業的一件飾物，另一邊是巴西軍事當局的審查。

鑑於我國政府和工業界跟巴西軍事當局有著極好的關係，所以後者給我們帶來的困難並不太大。相反，我們可以利用這個意外的活動餘地，把許多充斥我國市場，但是這裡讀者卻没機會接觸的左派書籍，擺了一個展台。

而且，展覽目錄上我們的畫家還畫上了反軍國主義的漫畫，每一個可以看到它的人（在專制時期人們對此有著特殊的能力！）都能理解，我們向他們提供的資訊具有什麼樣的精神。所有這些我們都毫無困難地通過了巴西海關。

早在一九七〇年二月，我就與德國駐聖保羅總領事館的文化專員普費佛爾博士進行了頻繁的通訊聯繫，詳盡地討論這次巴西七城巡迴展覽應該從哪個城市開始。當時的考慮除聖保羅外，還有里約熱内盧和阿雷格里二城。不久，我們的通訊就開始涉及到此次展覽的一些原則問題了。

德國大使在里約熱内盧被綁架以後，德國民衆幾乎每天都聽到有關巴西監獄中令人震撼的報導。因此我建議放棄德國官方參與，比如由部長出席展覽會開幕式，以避免出現我們與鄙視人權法的巴西政府同流合污的印象。

普費佛爾博士是一位開放型又思想活躍的外交官。我很欣賞這位外交官，並在他那裏上了一堂外交課，他不是刻板地按照中央規定的型式和指示行事，而是遵循所承擔的使命，在不背離外交政策精神下，自行尋求並取得合理的執行模式。

我和他一起找到了一種辦法，解決德國工業展和書展參與者相對立的立場。我們把展品中的技術和經濟類圖書，準備了第二份，放到工業展中展出。最後我們還達成共識，把巡迴展的第一站定在阿雷格里。

展覽的時間越來越近了，而我，像一匹在起跑線上等待出發的賽馬，終於可以開始我新的展覽探險了。家中、辦公室的瑣事已使我厭煩，我很高興能再次前往拉丁美洲大陸，進一步加深我對這個世界的瞭解。

一九七一年的狂歡節星期日完全被雨雪破壞了。這一天，我再一次到法蘭克福的辦公室，去取我旅行所需要的一些資料。一支憂傷的狂歡節遊行隊伍在凱薩大街上行進著。小丑們不斷甩掉紅色假髮上的雨水。偶爾也有人喊一聲那句著名的「Helau」（這三天狂歡的時間裡，平時問候的 Hallo，常常講成 Helau ——譯註）。遊行的彩車上，人們艱難地向街上爲數不多的狂歡節觀衆散發著糖果。但卻很少有人彎腰去拾那已混入泥水中的甜食。

晚上九點，我筋疲力盡地登上了飛往里約熱內盧的航班。過去幾周進行的準備工作十分緊張，因爲我將在這以後的四個月裏離開日常的工作，所以必須事先把一切都安排好。我啓程的這一天，甚至没有時間吃飯，所以進入機艙以後，我就迫不急待地希望飛機盡快起飛和盡快得到晚餐。

這個時刻終於來了。我一向習慣於到海外旅行時坐在飛機最後一排位子上。這次我的兩側是兩名身著黑衣的天主教修女。我看到機艙的前部送飲食的推車已經推出。就在這時，我肯定是打了「一分鐘」的盹兒，至少我是這樣感覺的，然後突然又驚醒了。我的周圍已是一片昏暗，只有地下的夜燈還放射著朦朧的散光。修女筆直地坐著，交織的雙手放在膝蓋上，看上去很像是熟睡的企鵝。我打量一下周圍，大家都在睡覺。我感到絕望了，强烈的饑餓使我的腸胃發出咕咕聲息。我把整個吃飯程序給睡過去了。這時已是午夜。

我小心地按了一下頭頂的呼叫鈕。一位空姐出現在我面前，我輕聲地向她闡述了我的不幸。她不太情願地又關閉了呼叫鈕，説：

「我去看一看，能爲您做些什麼！」

又過了半個小時，她終於來了。送上了一份她爲我加熱的全套晚餐。

「您想喝點什麼？」

我要了兩瓶法國紅葡萄酒。

在讀書燈的光圈下，我貪婪地品嘗著這頓美餐。很少有一頓飯像這次這樣使我感到幸福和滿足。我真想大聲爲它唱一首頌歌，但只能小聲地爲我自己哼了一個小調。然後我掏出一本雜書——吉馬萊斯．羅莎的《廣闊的腹地》——開始讀了起來。兩名修女不時向我瞥過一個不屬於基督徒的粗俗目光，然後又示威般地把頭扭向另一邊。

清晨六點鐘，飛機在里約熱內盧降落。在這樣的早晨，外面的氣溫已經達到三十二度。我上了一輛黃色的福斯牌計程出租車。在前往這個正在甦醒的城市途中，不時可以看到幾個夜遊人，穿著不太規整的服裝，滿面倦容地走在返家的路上。

今天是狂歡節星期一，今天必須要幹點什麼。黑皮膚的司機問我知道不知道森巴舞校，然後就隨著汽車收音機播出的森巴旋律握著方向盤舞動了起來。我把手放到他肩膀上企圖讓他安靜下來。我問他能不能帶我去看一看，他喊道：「嘉年華呀，嘉年華！」隨後又在方向盤後瘋狂地抖動起肩膀來。

這是多麼大的變化！這個里約！才剛剛過去二十個小時，黑暗變成了光明，寒冷變成了炎熱（我開始在我的冬服和高領毛衣裏冒汗了）寂靜變成了喧鬧，憂鬱沉悶變成了乘興的生活歡樂。

在科帕卡巴納海灘附近的瑞士小旅館萊梅海灘，我預定了房間，但我到達時，他們卻搖著頭說：

「狂歡節期間所有的房間都住滿了。您預定的房間最早要到中午才能空出來！您可以把行李放到這裏，到街上去看一看嘉年華會！」

我很累，但也很好奇，於是就拿著厚厚的上衣，又來到了街上。我漫步在科帕卡巴納海灘的沿岸小路上，聆聽著從旁邊各個街道上傳來的歡快的鼓聲、抓撓樂器聲和沙啞的喊聲。一支所謂的「樂隊」，即由十五到二十名黑色、褐色和白色皮膚人組成的鼓樂隊，敲著鼓，踏著鼓點，穿著飄逸的輕便衣服，聳著肩膀圍著我跳了起來。我退到了旁邊一條小巷中，擦去臉上的汗。

這時我又聽到，另一支「樂隊」敲著森巴的旋律跺著腳，從另一個方向朝我走來。我站在路旁觀看著，並受到這個新的旋律感染，不由地開始舞動了起來，突然從隊伍中衝出兩名黑白混血的壯漢，抓住了我的胳膊，拉入到隊伍之中。我像一隻笨拙的狗熊一樣，努力適應這個熾熱的旋律。

我們之間的距離逐漸消失了。這是我這個來自寒冷的人剛剛還保持的距離。我很快就融入這個旋律之中。一名混血姑娘拿過我的外衣頂在頭上，使我可以自由活動。很快我就感覺不到疲倦，也感覺不到自己已是大汗淋漓了。我逐漸變成了他們的一員，他們跳著蹦著，半彎著腰前後扭動著，不斷笑著推著我和他們一起跳。我進入了巴西，比我想像的要快得多。我進入了巴西，是跳著蹦著進來的。

在森巴旋律片刻停歇期間，我們笑著相互擁抱，然後突然奔向另一支隊伍，那裏的一個女人正跳著狂熱的舞蹈，其他所有的人都在拍手、敲鼓爲她伴奏，以便不使這個女人過早從她不喘息的夢幻中醒來。一種狂熱的性激動出現了，但又突然地岔斷，因爲跳舞的女人在大家的催動下，陷入了極度的衝動之中，開始從身上撕下自己的衣服。立即有人過來用一塊毯子遮住了裸體的女人。氣氛一下子就消失了，甚至出現了一種憤慨：

「我們的狂歡節必須保持純潔！」

這時我看到了界限，這是這些整日受凌辱的人們在發洩時的界限。這個遊戲規則得到了普遍的遵守，儘管有時只是出於對軍事獨裁者威脅的恐懼，軍事當局在城中所有重要的地點都部署了令人生畏的器械。

這一天，在我沒有絲毫意識的情況下過去了。我的兩位混血姑娘接納了我。我們換了另外一支隊伍，跳著舞穿過了所謂的森巴舞校，有時又參加到遊行行列中去，還和一羣烏合之衆被帶進了警察局，兩位姑娘在她們白皮膚同伴的輔助下，最後安然無恙地逃脫了出來。

到了深夜，我們來到了里約最骯髒城區的一家「森巴飯館」，它使我想到了電影中對地獄的描寫。裏面很暗，只有桌子上的燭光可以指示人們走路的方向。在房屋中央，支撐著上面看不到的篷頂的白粉立柱之間，是一個舞池。客人們在這裏緊緊地挨在一起，雙手搭在面前舞伴的肩上，踏著一個演奏蹩腳的管樂隊震耳的旋律，走著圓圈。這個奇怪舞圈的四角站立著四名用手榴彈、衝鋒槍、警棍和子彈全副武裝的士兵。他們頭頂鋼盔上的帽帶緊緊扣在下顎上，一動不動地站在那裏，目光呆滯、筆直又死寂。在微光照耀下的舞圈中盡是按旋律運動的奇妙人形，超重的胖子，乾枯的瘦子，高個子嚇人的大力士。有些人穿著神奇怪異的服裝，也有人只穿著運動褲和運動衫，臉上帶著一個紙板製成的紅鼻子。

我的前頭是一個大肚皮直拖到膝蓋的侏儒。長長的拖到腳背的運動褲，不知是掛到了短小大腿的什麼地方，半月形的小襯衫下露出他大肚皮的下半部。我夠不到他的肩膀，只好把雙手放到他汗水淋淋的頭上。而他也只好用雙手緊緊抓住他前頭蹦跳著，頭巾蓋著卷髮的一名混血女郎巨大的臀部。我另一位友好的女伴，乾脆就吊在我的背上。當整個舞圈突然轉向的時候，她的臀部頂住了我的肚子，我只好像一把折刀一樣折了起來。我後面的侏儒就只能抓住我的腰帶了。

我們在這世界末日般的狀態下一直跳到拂曉。我早已不是來自異鄉的觀察者，而是融進了這個費里尼式的民衆活動之中。我不曾有過一刻的恐懼，因爲我早已成了這個世界的組成部分。

我兩位混血女友成了我可愛而周到的導遊，是她們在我來到巴西的第一天，引導我穿過這眼花撩亂的狂歡節的迷宮。她們向我告別，並向我要了一些錢，好乘出租車回家。筋疲力盡的我和另外一個美國人找到了另一輛出租車。不久我就下了車，在朦朧中蹣跚地順著科帕卡巴納和萊梅海灘走了回去。

以後的幾天，主要是拜訪德國大使館、歌德學院，並且跟里約的幾家書商和新聞界建立初步接觸，爲即將來臨的「大事」，德國書展和與此相關的文化節目做準備。

然後我飛往聖保羅，籌備在伊比拉埃普拉公園舉行作爲德國工業展一部分的書展。在一個架高的旋轉基台上，我們那時代的「金牛犢」，一輛新型的體育賽車，在刺眼的光線下閃爍。這座聖殿的前面就是我們平淡無奇的圖書展台——大約六百種有關技術、建築、數學、經濟及社會學方面的書籍。我們——我妻子多拉把孩子託付在阿根廷以後，也參加了書展的輔導工作——期待著即將到來的莊嚴時刻。

它來了。八萬名觀眾參觀了我們的展台，蜂擁而至的人羣，幾乎使我們四名輔導人員難以招架。進行從容不迫的諮詢幾乎是不可能的，但仍有數百人提出了諮詢願望並預定了圖書。

當我們午夜時分離開展覽場地時，我們常常迷醉在這個充滿燈光和喧囂的奇妙世界中。然而，我們周圍的巴西日常生活的世界，卻與此形成鮮明的對比。

有一天晚上，我們在一個櫥窗的陰影下，看到一個佝僂著的黑人少女和她的新生嬰兒睡在一個紙板箱中。我們坐到她的身邊，聆聽了她向我們講述的故事，講她如何被男人淩辱，如何被趕出她在法維拉的居所，和每日無保障的生活。

她是一個美麗的女人。她講述時沒有怨恨，以平靜，甚至我聽來有些不適當的歡快的聲調。我們把身上有的東西都送給了她，還給她留下一點錢，雖然知道這並不能改變她的命運。我們離開她時，心中懷著愧疚。

這一夜，我的頭腦中始終映著年輕的母親和她孩子的身影，以及他們身後那個黃金惡夢的背景，我無法入睡，儘管我們已奔忙了十四個小時。

各種反應

阿雷格里港，是巴西最南部的里約格蘭德多蘇省的首府。這是一個來自宏斯呂克山區的德國移民聚居的地方，他們自稱爲「宏斯呂克」德國人。這裏有五江匯合，一所聯邦大學，一所天主教大學，甚至還有一家德國書店。但這家書店卻很不興旺，因爲不敢破格去爭取新的讀者，仍然只是面向老的流亡者，但他們已經逐漸死亡，他們的子女，如果還能懂德語，也不會再對那裏出售的過時書籍感興趣。

我們在當地藝術學院舉辦的書展，將證明不僅是德語圈記憶著對德語圖書的興趣。開幕式是一個盛大的慶典。四百五十名受到邀請的和沒有受到邀請的客人擁擠在稍顯狹窄的大廳裏。很多大學生也擠了進來，舒舒服服地坐到地上。他們有的三五成羣，有的單獨翻閱著特別引人注目的畫冊和少兒讀物。我們成功地創造了一種室內氣氛，一方面使人感到溫馨，另一方面又能引起人們的好奇心。

這是對我們艱苦而漫長準備工作的美好獎賞。由於缺少合適的工作人員，副領事施里西廷和歌德學院的語言部主任弗蘭茨・布赫特曼與其夫人，以及我們書展所謂「熟悉當地情況的輔導」卡羅博士。這是一位可親的老先生，一位有教養的猶太流亡者（當時在拉丁美洲還能找到很多這樣的人），他們和我一起度過了五個日日夜夜，才把書展佈置了起來。這期間我還不停地去拜訪新聞界的編輯部，後來他們對此進行了全面而熱情的報導。展覽會之前和期間，阿雷格里港的報紙和雜誌對書展發表了四十五篇圖文並茂的報導。

然而，展覽會剛剛開始，就不得不又關閉起來，因爲法學院的一次抗議行動，使大學校長採取了強硬的對應措施，他立即下令關閉所有的學院和下屬的機構。然後就是復活節，節後書展才又對一般觀衆開放。

這期間京特・洛倫茨也來了。他的公關效應，我在阿根廷時就得益匪淺。他立即做了符合其名聲的事，用他的報告〈作家在社會中〉震驚了在場的教授階層。隨後又在里約格蘭德多蘇省最重要的報紙《人民郵報》上，全文刊登了他在討論中關於拉丁美洲文學的發言。最後的觀衆人數雖然只有三千六百人，但這並不反映阿雷格里書展的真正成果。

在這裏產生的影響面還是很大的。純巴西的書店也開始對德語圖書產生了興趣。我從地方各省獲得訊息，有不少學校都舉行了有關書展的作文比賽。巴西全國電視新聞中也播放有關展覽開幕式的短片。在阿雷格里港，除了德國移民以外，還有一大批感興趣的巴西公衆——儘管只掌握有限的德語知識——對經濟學、數學、建築學、醫學書籍，同時也對美術及少兒讀物表現了特殊的青睞。

而在聖保羅，觀衆組成就不一樣了，四月底，我們在鮑里斯塔林蔭大道藝術博物館上，一塊一千六百平方公尺的場地佈置了書展。這裏的觀衆幾乎全部是德國人，大多是在聖保羅德國公司工作的人員和巴西籍的德國人。這也許是因爲只有一家德語報紙《德意志新聞》從頭到尾地報導了展覽會的進程。最大的巴西報紙《聖保羅州報》雖然也發表了一些文章，但在這個忙碌而冷漠的城市，讓人們前來參觀書展，是需要充分而有力的動員的。

由於我們在正式場合和展覽會上没有可能和巴西的知識界接觸，所以我們就在很短的自由時間裏去補上這一課。進行這種接觸，已成了我行動的準則。我們在夜裏去奧古斯塔大街的著名咖啡館和酒吧，參與那裏進行的交談，但大多情況下被裏面的顧客所

1971年在阿雷格里港舉辦書展。

誤解而友好地請出了店鋪。人人都知道，秘密警察是無所不在的。幾乎沒有人願意冒這個風險，幾乎所有的人都壓抑著他們天生爽快又好客的本性，因此很多夜晚進行的談話最後都是在沒有內容的客套話中結束。

儘管如此，我們最終還是被受迫害的天才劇作家普里尼奧・馬克斯的擁護者團體所接受，瞭解了很多他們的作品受壓制受迫害的情況。然而後來我們不能不吃驚地得知，和我們同去這一集會的京特・洛倫茨竟在施普林格集團的《世界報》上撰文詆毀這個小組是些極左的、毛澤東主義的或者無政府主義的文人，並公佈了集會的地點、時間和在場人的姓名。從此刻起，我同這個曾輔助我們專案取得成功的拉丁美洲專家就恩斷義絕，即使回國以後，也沒有再恢復關係。

我們又撤銷展台，又佈置新展台。下一站是里約熱內盧。在聖保羅我們經歷了難耐的寒風和冷雨，而到了里約，等待我們的卻是所期望的大好豔陽天。在聖保羅我們最後獲得了五千三百名觀衆的成果。那麼在這個歡快而輕鬆但又不太認真的里約會如何呢？這個由如此「認真」的德國人組織的如此「認真」的德國書展，會給這裏帶來什麼呢？

早在書展之前，我就同德國駐里約熱內盧大使館的主管參贊霍爾茨海姆，通訊討論過展覽場地的問題。大使館主張設在當時克勞斯・蒂勒確定的文教部的展覽廳中。

「當地瞭解情況的人極力勸阻我們在文教部舉辦展覽。您可以理解，尊敬的霍爾茨海姆先生，我們對這樣的建議不能隨便地拒絕，何況我們作爲德國出版界的代表，在某種程度上也要顧及德國公衆的利益。

「我們不認爲，這樣的展覽會面臨什麼危險。所以我們認爲，出於對巴西公衆利益和我國公衆利益的考慮，也爲了展覽會能取得全面的成果，最好避免和政府進行明顯的合作，不致在世界公論中落下不尊重人權的名聲。」我在信中如是說。

我傾向於在現代藝術博物館舉行。曾爲這次展覽做過準備工作的克勞斯・蒂勒從墨西哥寫信給我說：

「相反，在博物館舉行，一切都是很理想的。這是一個市政設施，館長是一位知名的贊助先鋒派藝術的女士。不幸的是，從里約市中心步行十分鐘越過一座天橋就直接到了海灘（請查看市街圖！），而到了晚上，人們是不願意走這段黑路的，觀衆憂慮他們的錢袋，官方人士就更不願意。」

「先鋒派女館長」願意向我們提供博物館底層的一塊場地，最後大使館也改變了態度。場地是很理想的。博物館是進步的青年藝術家的聚會地點，還設有一個電影廳，每日放映巴西和外國的現代影片。

我努力讓展覽的佈局適應場地，使其產生一種和諧的空間感覺。開幕式上，PEN協會主席馬庫斯・馬德拉發表了熱情洋溢的講話。德方由羅令公使致詞。然後由主辦者——我們公司董事會成員馬蒂亞斯・維格納，向到場的四百八十名客人表示歡迎。

當我看到我已熟悉的德國公使的保鏢正坐在少兒圖書的桌旁時，我走了過去，從他鼓鼓的上衣口袋上可以看出他是個「秘密警察」，我不太禮貌地對他說：

「今天晚上是個完全民間的活動，不是嗎？」

他聽後，拉起我的手，走到了大門口，指著一個正在掃地的清潔工說：

「您看到他了嗎？他是我們的人！」

他又指著一名正在水管喝水的單衣年輕人說：

「他也是我們的人！」

他指著正在卿卿我我的一對情侶說：

「他們兩個也是我們的人！」

一個司機正在擦拭主人汽車車窗。

「他同樣是我們的人！」

一個溜狗的男人——兩個聊天的女人——一個站在天橋上默默觀察橋下交通的男人——三名正在開著玩笑的小伙子——一名在這麼晚的時刻還在擦玻璃的工人——一個彈著吉他的乞丐——兩名等待客人的妓女——一個敲著舊油桶的黑人。

「他是我們的人，他們也是，他們也是！」

里約熱內盧少兒圖書展台旁的「秘密警察」。

當我們重新回到展覽廳以後，他說：

「您想讓我告訴您，來賓中有多少是真正的客人嗎？」

我急忙回拒了。

儘管如此，展覽還是吸引了一批年輕的觀衆，他們沉默著，久久地翻閱著展出的圖書。開幕式沒有幾天，我們就已經有了一萬名觀衆，結束時的觀衆總數達到了一萬七千人。

獲得這樣令人矚目成果的一個原因，無疑又是京特·洛倫茨個人做出令人難以置信的公關工作。他先是在幾家日報的社會版發表短文，然後是在巴西最大的日報《巴西日報》和《世界報》上發表半版至四分之三版的長文，最後達到了頂峯，在里約第二大報《馬尼亞郵報》上發表了他長達五版的採訪談話。洛倫茨僅僅在里約就向報界、廣播和電視發表了十五次講話，參加了十一次報告會和討論會。由於所有這些都同書展有關，所以我們從中也獲得了好處。

由賴因哈德·舒伯特設計的海報主題：由紅色女人指甲「編織」的蘇格拉底的人頭，在里約已是無所不在了。此外，我們還從一名德國書商那裏得到了一萬個有用的通訊住址，我們直接向他們發了信。所有這些都匯合到了一起，使我們的努力造成了在里約的一大真正社會事件。這個成功，和所有成功一樣，在布幕落下時，又已變成了歷史。

對我來說，這個成功的活動還有一個特殊的意義。馬蒂亞斯·維格納，當時還是萊因貝克羅沃特出版社的總經理，這次作爲我們行業的代表主持了開幕式，還打算一周以後參加在距離里約一百八十公里的小山城聖羅倫克舉行的德國巴西書商和出版商研討會。

各種嘗試

一周以後，參加研討會的德國代表團其他成員也紛紛到達，其中有烏利希・鮑臘克（威斯巴登的布勞克豪斯出版社）、京特・克里斯田森（漢堡的克里斯田森書店）、格哈德・庫爾策（漢堡的哥羅索豪斯）、克勞斯・索爾（普拉赫的文獻出版社）以及庫爾特・邁爾・克拉松（羅薩和阿馬多作品的譯者）。好奇而開朗的馬蒂亞斯・維格納在這些緊張的日子裏親眼看到了我們爲展覽所做的工作，同時也對我的努力、我的好奇、我的公關活動有了瞭解並給予好評。這些都在兩年後產生了後果。

我很累很疲勞。這個比我們小小的聯邦共和國大三十四倍的巴西，從我踏上它充滿矛盾的土地那一刻起，就深深地吸引著我。我把自己投入到它的懷抱，同時一直在尋找一條不辱我使命的通途。我要深入到它的矛盾之中，政治的、經濟的和人性的矛盾。

我甚至不惜深入到一些一個非巴西人一般只能作爲遊客所享受的領域：

在聖保羅，我跪倒在一名馬孔巴術士面前，讓她向我施加巫毒魔法。後來我又嘗試在巴希牙教派的一次神會中，讓鬼神附體，但由於沒有相對的信仰而無法做到，於是模仿一名巫師跳起了這種動作嚴格、技巧高超的非洲戰鬥舞蹈。

我品嘗了街頭叫賣的巴西婦女燒製的美味玉米食品（造成了一些身體上的不良後果！），以及聖保羅小酒館裏供應的巴西豆湯，還喝了各種各樣的飲料。

我嘗試著接觸富有的、當權的和軍事人物，小心謹慎地詢問和聆聽，我也接觸了酒吧裏的妓女、大街上衣衫襤褸的報童以及反對派的大學生、工會幹部或者作家。

我在每日組織、宣傳、應酬和財務（最後一項大多在夜裏做）工作外所剩餘不多的業餘時間裏，開始進入這個巴西大陸粗曠而人道的文學之中。我讀由克拉松譯成德文的羅薩的作品，那是一部關於貧窮、乾旱和充滿暴力的東北部的史詩；維利西莫關於南部里約格蘭德多蘇的歷史巨著；阿馬多對巴希牙小人物世界的親切的描寫，以及很多其他作家的作品，如歐斯曼・林斯、奧特蘭・道拉多、阿多尼亞斯・費尤、克拉里策・里斯佩克托。我盡力在文學上「用心靈」去理解這個國家——這後來成了我的一種固定的需求：凡我去訪問的國家，都要透過一部文學作品先行一步。

我著魔般地想知道，周圍到底發生了什麼事情。但我同樣也著魔般地希望，透過展出的圖書而被人所理解。我十分看重和人的對話。我不僅想把資訊拋向我的觀衆，我還想知道，這些人是誰，他們如何生活、如何思想、如何戀愛和受苦。我想知道，他們得到我的資訊後做些什麼。

一個對話原則在我心中誕生了，這是一種對溝通的嚮往，一種對交流的喜悅，在以後的時日裏，這種對話原則得到了承認，最終成了專案計畫的一部分。

我在巴西第一次清楚了，資訊不能無目的地强加給別人，而不去瞭解這個人的特點，不瞭解這個人用這些資訊去做什麼，或想去做什麼，在行話裏稱之爲「對象分析」。

然而對我來說，除了所提到的動機以外，還有一個個人的考慮：我把它看成是一種應有的公正。只有關心別人，才能使他也爲自己的心事開啓心扉。我在巴西爲個人追求所經歷的一切，想不到竟成了關鍵的一把鑰匙和靈丹妙藥，可以使我們更有效地利用那些令人眼花撩亂的資訊和資料。我認爲，在這個政治上混亂的巴西，假如沒有如此明確的對話思想和經歷，那麼在里約取得如此令人矚目的成績，是絕對不可能的。

研討會上主要進行了與協會有關的交流，但我必須承認，它雖然受到了一些小的玩耍型式的干擾，這也完全符合在這個出版界中廣爲流傳的巴西式的自發情感。兩天以後，我和京特・洛倫茨坐在班車上從里約前往一千多公里以外的巴希牙省的薩爾瓦多城。我在這裏要爲展覽會第四站的啓動做準備工作，等展覽開幕以後，就把領導權交給巴西的工作人員，他們將在巴西利亞、貝羅霍里松特、庫里提巴和「德國的」布魯門瑙幾個城市主持展出。

薩爾瓦多這個古老的葡萄牙首府，其居民主要是黑種人，我們在這個特殊城市的多種多樣的社會階層中沒有取得突破。我們陷入了困境：一個節日接著一個節日，這是我們事先根本就沒有預料到的，而且還遇上了我一生從未經歷的熱帶雨季。巴希牙死了的德國人，失誤的計畫找不到主管部門，缺少我們需要的重要人物，如巴希牙文學宗師阿馬多和德國藝術家漢森・巴希牙，他曾在他的木刻中描繪了巴希牙普通人的生活，或者德國作家胡波特・費希特，他把巴希牙的各種宗教的共處狀況寫入了一部紀念碑式的巨著《山戈》之中。我們最後微薄的成果只是二千八百四十名觀衆。

展覽會的第三天，我離開了巴希牙省的薩爾瓦多，筋疲力盡地上路去剩下的幾個巴西城市，重新爲交流手段準備空間，這雖然和所有與書有關的活動一樣，是平淡沙啞的，但如果把它的各個聲部都發揮出來，也會收到可觀的回應。

爲此我們當然需要一個强大的火車頭，帶動它穿過這個陌生的地帶。它的聲息很輕，在這陰雨不斷的日子以後，幾乎没有了蒸汽。我通過南部邊界，悄悄離開了這個吞噬一切的國度，到阿根廷休息幾天，恢復一下我在巴西消耗殆盡的體力。

巴西書展以後，在阿根廷的普爾瑪瑪爾卡。

第十二章　一個共產黨人之死

他事先沒有通知就突然出現在我們面前。他對小鹿溝大街的門房說，他想見「主管外國書展的負責人」。過了一會兒他就敲了我的門，並自報是安德拉斯．唐波，布達佩斯匈牙利圖書出版社和推銷機構聯合會主席。

他年近六十，一頭短短的白髮，上唇長著同樣短短的髭鬚。他筆直的體態顯示著意志和力量。當他帶著高雅的笑容，以每個字的第一個音節都重讀的模式開始說話時，我覺得好像一位來自裴多菲時代哈布斯堡王朝的貴族來到了面前。他沒有說很多客套話，直截了當。「我希望，匈牙利圖書出版社和推銷機構聯合會，與德國書商交易協會交換圖書展覽！」

他坐到了我的寫字檯旁邊，開始詳細闡述他的具體想法。

這個建議確實是個意外！匈牙利是至今東方集團中唯一拒絕在圖書領域和我們進行文化交流的國家。當然有社會主義國家參加法蘭克福書展，但是從一九六〇年以來，陶貝特和展覽部的我的幾位前任，以及外交部都在這方面做過試探，不過從未取得過結果。

所以我立即高興地接過對方伸出的手。沒有多久，我們兩人就開始對這一可能的專案進行了深入細緻的交談。我確信，在當時的條件下，我會獲得公司主管及董事會的認可的，至於外交部的確認只是個形式而已。

在這第一次的交談中，我就已經開始對這位頭腦清晰，感覺細膩的人產生了好感。他沒有一般「出版社主席」那種傲慢，而且當我這個閱歷不深的年輕人提出沒完沒了的問題時，總是耐心地，但毫無教訓口吻給予了回答。我們初步商定，第二年春天在法蘭克福、慕尼黑、斯圖佳特，然後秋天在布達佩斯、塞蓋特和德布雷森幾個城市舉辦各自的展覽，隨後我「釋放」他去找陶貝特。

我的提問和他耐心而認真的回答，並沒有侷限在「專業」範圍內。在這首次會晤中以及後來到匈牙利進行籌備工作時，談話都涉及到原則性和政治性的問題。我有些論戰式的問題（我們間的信任已到了如此程度），使我結識了一個堅定的共產黨人。他確實出身於一個貴族家庭，從十七歲起就參加共產主義運動，爲他的社會主義信念而戰鬥並經受磨難。他曾轉入地下，曾參加西班牙內戰，當過遊擊隊，坐過監牢和集中營，參與過各種組織和機構。三十二歲時，獲得了將軍軍銜。

但有一點他向我隱瞞了，是我後來才知道的，那就是他還當過自己國家的大使，其中還駐過東柏林，而正是這個職務才使他成了匈牙利出版社和書店聯合會主席。從他的經歷看，這明顯是一種貶黜。但從安德拉斯・唐波身上卻絲毫看不到沮喪的痕跡。正相反，他對「我們兩國人民和兩種制度」之間的開放，和思想交流所表現的青春般的熱情極具感染力，這不僅對我，而且對所有最終參與這些展覽的人都是如此。

後來，我到達了布達佩斯，它給我留下了特殊的印象。我和安德拉斯・唐波在布達佩斯瑪格麗特島上，做了一次長時間的散步，我們之間已經開始的談話在這裏得到了延續。我開始讚賞，甚至敬重這個人了。我一直還在尋找那個時代政治問題的非意識型態的答案。而我面前這位老人，正是本世紀最有資格的見證人，我可以坦率而無顧忌地向他請教。而他則毫不厭煩，而是同樣坦率地，有時甚至對現實實行的社會主義制度進行極其尖銳的批評，以致使我不得不吃驚地環視四周，看看是否有人追蹤我們，或可能聽到我們的談話。

今天人們是無法想像的。我們當時做這些事情的時候，還身處於相互敵對的國家。每人對另一個「夥伴」都充滿不信任。凡是不符合對方宣傳口徑的計畫，我們只能把其內容和實質十分小心謹慎地傳達給公衆，而且還必須得到後台老闆的支援，他們往往隱蔽在我們的友好的談判對手的背後。但我們不能暴露任何弱點，也不能隨便懷疑對方，因爲即使在社會主義國營貿易國家的高階負責人，也不是鐵板一塊的集體。同樣在這裏也籠罩著路線鬥爭和對個人權力的爭奪。這個圈子裏像安德拉斯・唐波這樣主張開放，並讓西方用帶有難以估量內容的圖書自我介紹的人，實際上就暴露了自己的弱點，從而變得無比的脆弱。我感覺到這位我尊敬的長輩朋友所面臨的危險。我不自覺地想盡力保護他。

有一點我現在可以綜述如下：我最初對書展工作價值和意義的懷疑，最終卻消失了，原因是，在這些獨裁國家中，官方都非常害怕我們的圖書，因爲在我們的書展裏，讀者總會透過我們的書籍，閱讀到一些一般狀況下閱讀不到，沒經過檢查的語言。在書展上，我們總有漏網之魚，可以不受檢查，向包括不懂我們語言的觀衆傳播我們的觀念。我們展示的圖像和語言以及相關的主題，是任何有興趣的人都能夠得到的資訊。而且把這些精美的圖書拿在手裏翻閱，並努力去理解它，在感官上也確是一種享受。害怕此種資訊傳播的人，絕不是最愚蠢的人。而支援這種啓蒙工作的人，也同樣知道他們在幹什麼。我終於明白了，我的手中握有何等重要而强有力的手段，只要發揮它們的作用，就會取得成功。

我很少聽到，一個德國的交響樂隊到國外演出時，會遇到我們舉辦書展時經常遇到的阻力，儘管交響樂隊演出所需的費用是和我們的費用大體相同的。

我到布達佩斯做籌備工作時，拜訪了聯邦德國的商務代表處，當時在匈牙利共和國和德意志聯邦共和國之間還沒有建立外交關係。根據代表處主任的建議，我接受了匈牙利女記者瑪麗亞・科勒尼耶的採訪，介紹了交流書展的情況：沒有談我們的本意，更不談政治問題，只談展覽會的資料。

早就和聯邦德國有接觸的科勒尼耶夫人，後來被指控是間諜，商務代表處和我們的書展似乎也都被牽連了進去。

奥托・特勒克是個膽小怕事的人，但他是布達佩斯交流學會的一位可愛的工作人員，他也受到了安德拉斯・唐波的感染：對奥托・特勒克來說，是第一次到「資本主義」國家出差。我看到這個怯懦的人帶著孩子般的喜悅和熱情，吸吮著他在我們這裏看到的一切陌生、新奇的事物。那是一九七〇年夏天，他受唐波的委託到我們這裏做籌備工作，和我一起先在聯邦德國展出城市，然後在匈牙利的展出地點研究佈展的細節問題。

奥托・特勒克，這個可憐的特勒克，在我們展覽會後被捕，並失去了工作。雖然幾周後他又被平反並恢復了工作，但在心理上他卻始終未能消除這一事件對他的影響。直到很多年以後，當我們兩國透過柏林條約和莫斯科條約有了很大緩解時，奧托還是躲避著我，即使偶然在東方國家的博覽會上和他碰面。他把當年在我們的布達佩斯展覽會上所發生的一切，都深深埋藏在心底。一旦有當年的人，比如我，在路上突然和他相遇，他就會嚇得臉發白，立即扭頭逃走，好像看到了魔鬼一般。

這到底發生了什麼事情呢？我們滿腔熱情帶著啓蒙理想所舉辦的展覽項目，又爲我們帶來了什麼呢？

首先，我們所有的展覽都進行得很平穩。根據我們兩個機構達成的協定，一個匈牙利代表團於一九七一年三月中旬來到了法蘭克福，其成員有：安德拉斯．唐波、居爾居．米哈里．瓦伊達（日爾曼學教授）、伊斯特萬．瓦斯（詩人和國家克舒特獎金獲得者）、米克羅斯．歐諾迪（出版社聯合會資訊部主任）和約塞夫．薩保（圖書外貿公司的經理）。他們是來主持在羅馬大廳舉辦的匈牙利書展開幕式的。

我們努力讓匈牙利在法蘭克福舉辦的書展，在社會上具有相對的影響，但這在當時我們這一代，對一個「共產黨」的書展來說，並不是理所當然的事情。法蘭克福市長瓦爾特．米勒、德國出版業的代表、來自威斯巴登布羅克豪斯出版社的烏利希．波拉克、陶貝特，和黑森州文化部的國務秘書格哈德．莫斯等顯要都出席了開幕式，致詞歡迎到場的客人。

「匈牙利和它的圖書」，是匈牙利圖書行業一次具有代表性的展示，但它並沒有反映出匈牙利現行的生活、思想和工作情況。這是一次由國家安排的展覽，不過如此而已。在其中看不到個人出版活動、個人的觀點和個人的信念。只有幾家宗教出版社算是例外。

我和我的同事們採取了一切措施使這個展覽會成功，這個展覽除了它得以展出的事實以外，確實沒有給西方觀衆帶來什麼值得注意的東西。在法蘭克福有八千名觀衆參觀了書展，然後在慕尼黑和斯圖佳特也取得了成功。

我們忠實地執行了雙方對等協定的一切條款。我們當然也知道，這個專案的第二部分，就是我們在匈牙利的書展，要比這困難得多，其中潛伏著難以預料的障礙。總之，我們必須對下一輪做好充分的準備。

然而事情往往就是這樣，在別的什麼地方發生了一件幾乎和我們專案毫無關係的小事，但突然一下子好像鬼使神差一般，卻在「決策部門」迅速產生了影響，而當我們——陶貝特和我發現了這一禍事及其可能的後果時，已經爲時太晚。一個政治雪球，正在變成一次雪崩，已經無法挽救了。安德拉斯·唐波在布達佩斯，我在法蘭克福，我們聯合力量，最終還是說服了「決策部門」勉强同意在布達佩斯不出現抵制行動，書展仍然如期舉行。一場戲劇性的政治鬧劇開始時只是一件微不足道的小事，最終卻使一個備受壓力的人走上了絕路。

一件微不足道的小事

交易協會外貿委員會主席鮑爾·赫威爾博士（柏林施普林格出版社）致函交易協會理事會，對匈牙利書展在法蘭克福舉行開幕式没有邀請他，表示不滿。展覽公司董事會不得不在一九七一年五月四日舉行的會議上討論這個問題。會上，陶貝特先生堅決認定，請帖已透過郵局寄出，如果赫威爾没有收到，那就是在郵路上寄丟了。當董事長尤爾根・馬肯森博士用電話向赫威爾通報這一情況時，後者竟勃然大怒：說二十多年來寄給他的郵件還從未在郵路上遺失過。而這次的郵件卻遺失了，這真正是件奇怪的事情。

那麼，這位神經過敏的馬肯森先生對此做了什麼呢？他發誓要改善他所領導的機構作爲補償，他竟邀請那位自尊心深受傷害的委員會主席親自擔任德國代表團團長，去布達佩斯主持一九七一年十月十一日德國書展的開幕式。

事情就這樣結束了，事情具有了政治性，也就按政治規律向前發展，而其原因卻是由很多普通人造成的。匈牙利方面，尤其是「隱蔽的」後台老闆對這一決定很不滿意，他們認爲，被定爲法蘭克福書展正式代表團團長的赫威爾博士先生，並不是德意志聯邦共和國的公民，而是西柏林人，又在一家西柏林出版社工作。

當時，莫斯科條約還尚未談妥和簽字，至少德意志民主共和國還堅持三個德意志國家的主張，西柏林被當作一個「獨立的」政治實體。一個西柏林人擔任正式的「西德」代表團團長，這只能看成是對「兄弟」德意志民主共和國的政治挑釁，何況——當時我們當然不知道——與我們舉行書展的同時，德意志民主共和國的文策爾外長正在匈牙利訪問。

安德拉斯・唐波在布達佩斯受到了越來越大的壓力。顯然，對他根本不信任的東柏林特別注意他的行動。安德拉斯・唐波於九月二十七日，書展開幕前的第十四天，發來電報說：「如果鮑爾・赫威爾博士先生在西柏林任職並在西柏林常住，我們無法接受他擔任代表團團長。請進行相應變動，盡快告我。」

一場激烈的論戰在法蘭克福、波昂和柏林展開了。陶貝特和我急忙去找交易協會主席維爾納・施蒂希諾特，他本人也是其柏林總部的工作人員，開始時極不願意做出讓步，寧可取消這次展覽。外交部的文化司司長部務主任施太爾策認爲，外交部基於重要的原則考慮，不準備作出讓步。何況還存在另一種危險，一切印有柏林出版字樣的書籍都有可能從展覽中被拿掉。赫威爾博士表示，這一使命並非他本人索取的，而是AUM董事會「極力」請求的。但他習慣於不因人廢事。如果交易協會認爲，由一名西德出版商擔當此任更爲合適，他願意退出。但這必須採取不傷害他本人的形式。這應當是不言而喻的。

最後我們在主席維爾納・施蒂希諾特那裏爭取到了下列妥協方案，其他有關方面也都同意了這個方案。我們在一九七一年十月一日向唐波先生發送了下列電報：

「鑑於您對代表團組成的看法上存在的困難，德國書商交易協會只好遺憾地放棄派代表參加德國書展開幕式。因而取消開幕儀式和講話。希格弗雷德・陶貝特。」

我們透過德國商務代表處，發給正在匈牙利輔導書展的我的同事施密特・布勞爾下述指令：

「施密特・布勞爾是我們展覽的組織者和技術指導。他不作爲交易協會或展覽公司的代表處理任何具有代表性的事務。他的責任在於，留心展出的圖書不被拿走，尤其是帶有西柏林標誌的書籍。致以友好的問候。」

我們終於設法抵制了我們自己展覽會的開幕式。但從總的說來，這一決定在當時陷於絕境的形勢下還算過得去，而且這個妥協也促使匈牙利方面有所收斂。受到極大壓力的施密特・布勞爾從布達佩斯寫信告我：

「布達佩斯的開端是令人沮喪的，我們本以爲，用不了十四天我們就會打道回府的。但所有展品在運入時受到了難以想像的徹底檢查。例如所有的螺絲刀都一一數過，所有建台用的螺絲釘都稱了重量，部分展櫃被拆開等等。海關檢查了書籍，然後一個由專家組成的委員會仔細翻閱了書籍，然後是由文化交流學會官員組成的委員會，然後是外交部的代表，內務部的代表和安全部的代表拜訪了我。安全部人員來時，展覽已經佈置好，我一直還在等待著這次展覽最終被取消。」

展覽還是舉行了一個小小的儀式。這又是安德拉斯・唐波的鼎力安排，他自己還在開幕式上發表了一個短短的就事論事的演說。而且開幕式的請柬在發生爭執以前就已發出。有三百名來賓出席了開幕式，包括高階政治代表人物、記者、大學方面人士、藝術家和很多有興趣的觀衆。來賓中的德國人，他們被指令不能發言，有德國商務代表處的隨員們、我們的展出人員、德國國際公司（波昂）的希爾福格爾・蒂姆女士以及作家馬丁・瓦爾色，他是我們請來在以後的幾天裏朗讀自己的作品的。

對這個展覽會的干擾，在以後的幾周内仍然繼續著，特別是後來發現這個書展至少在布達佩斯已成了吸引觀衆的磁石——儘管人們一直在限制宣傳工作的進行。在布達佩斯展出的兩周裏，有九千名十分專注的觀衆參觀了書展。但施密特・布勞爾認爲至少有一萬一千人，因爲有一個計數器在一段時間裏倒轉了起來。

没有什麼是會自動出現的。即使在塞蓋特和德布雷森也不例外。安德拉斯・唐波始終盡力輔助和支援我們。我們必須看到，在匈牙利當權階層中，唐波的敵人們在這個問題上並沒有罷休。當陶貝特去匈牙利參加塞蓋特書展開幕時，唐波曾同他進行了最後一次談話，當時唐波的心情很沉重。

德方堅持要派西柏林人代表出席開幕式講話，在匈牙利政界引起了驚異，何況當時匈牙利內部形勢又很微妙。唐波表示，這種形勢我們是應該知道的。柏林條約如果生效，匈牙利的特殊地位，會使它採取另一種立場。

塞蓋特書展開幕時，德意志聯邦共和國是卡爾・奧托・康拉迪（科隆大學）和法蘭克福作家恩斯特・赫豪斯前往做報告和朗讀作品。安德拉斯・唐波沒有出席開幕式，而是由其副手代表。

一九七一年十二月十五日，德布雷森書展快要結束前不久，安德拉斯・唐波在布達佩斯佛雷斯馬蒂廣場旁辦公室的寫字檯邊，飲彈自殺身亡。

「匈牙利圖書出版社和推銷機構聯合會主席安德拉斯・唐波先生的自殺，必須從唐波先生所處的整個政治形勢和他個人處境的背景下理解。其中一個重要的因素，是一九六八年事件的後果。他的行爲絕不僅僅與我們舉辦的書展有關，雖然他把這次展覽已經當成了他切身的事情。」

這就是我們在布達佩斯、塞蓋特和德布雷森舉行，觀衆達一萬七千六百人的德國書展總結報告中的一段話。

下面這封信，是安德拉斯・唐波於華沙公約國軍隊進入捷克的第三天寫的，當時他還是匈牙利駐東柏林的大使，這是他寫給黨中央的信，是一位匈牙利朋友為我提供的。這封僅有微小刪節的信，在這裏是首次發表。我想以此為勇敢而正直的安德拉斯・唐波樹立一座紀念碑。他使我在那個歷史的時刻，從他身上體驗到了一位長輩的友情。此外，這個文件也向我解釋了，我在激動人心的六〇年代沒有弄明白的很多事情。

致匈牙利社會主義工人黨
中央委員會
布達佩斯

親愛的同志們：

社會主義，顯然不僅意味著共產黨奪取國家權力和生產工具的國有化。只有廣大勞動羣衆在黨、國家和經濟事物中握有眞正的發言權，才談得上是社會主義。社會主義建設必須有一個强大而現代化的工業，和與此相應的强大而有文化的工人階級才是可能的。

沒有不斷發展的民主，就不能動員社會去發展經濟，就不能超過發達的資本主義國家。沒有民主就會使社會變得麻木不仁，從而會使經濟發展的速度無法保證取得相對的進步。

社會主義發展的一個不可缺少的條件，是全面的資訊和保證取得資訊的條件。閉關自守在短期內有利於維護政權，但它會導致羣衆的冷漠，從而最終減弱社會對帝國主義影響的抵抗力。羣衆的活躍不僅是社會主義經濟發展的前提，而且也是有效抵禦帝國主義的前提，但這只能在不斷擴大民主的情況下才能產生。

捷克斯洛伐克共產黨中央委員會認識到了這一點，擺脫了教條主義領導的束縛。捷克斯洛伐克共產黨能夠自己啓動這一處理並堅持下去，這是它不可否認的貢獻。當然，反革命分子和帝國主義特務也混進了這一處理之中，這同時也是對迄今奉行的犯罪政治的反動，他們也曾取得某類地盤。儘管如此，在捷克斯洛伐克的反革命危險並不嚴重，但反革命分子除了得到西方的支援以外，客觀上也受到部分社會主義國家領導人採取敵對態度的刺激。東德領導在這方面從一開始就扮演了最極端的角色。

東德的存在，從歐洲和世界和平的立場看，具有重大意義。但戰勝法西斯德國和建立德意志民主共和國當然並不意味著，在德國廣大羣衆中沒有遺留下大量的反動餘毒。出於這個考慮，我們可以理解，東德的領導，特別鑑於西德帝國主義的影響，而不能無限地推行民主。儘管如此，東德自己也只能透過不斷推行民主化來增强社會主義。（有人說，我們在這個進程中，除非採取派系主義和他們接近，否則就不能依靠西德的工人階級和進步的力量。這種說法是不對的。）

評價東德時，我們還要考慮到，這個國家的五分之一的居民已遷往西方，也就是說，人民中最不穩定的部分已經到了邊界以外。東德經濟發展的基礎，除了德國人傳統的紀律、對勞動的熱愛和文明水準以外，就是與蘇聯進行特殊易貨、交換原料和成品的協定，它們都以對東德有利的形式付諸實施。東德現行的經濟政策，在蘇聯的輔助下，還能維持一段時間。但它卻無法取得可以超越西德的速度。東德幹部企圖用宣傳和紀律來彌補它，同時他們還越來越減少並歪曲外來的資訊。羣衆和領導之間的鴻溝將日益加深。

從上述就不難看出，東德領導對捷克斯洛伐克一月全會以來發生的事件，爲什麼格外敵視。有人說，捷克斯洛伐克黨一月全會決議最後被批准時，東德領導也簽了字，是不正確的。眞相是，這些決議立即被他們定性爲修正主義，從二月份開始則斷言，在捷克斯洛伐克出現了反革命，必須使用軍事干涉予以粉碎。

任何人都沒有權力從外界干涉東德的內政，同樣也不能干涉任何一個其他國家的內政。但東德領導卻把自己的方案强加給別人，並因此使社會主義國家的合作和國際工人運動遭受了不可估量的損失。

捷克斯洛伐克已經走上一條道路，可能成爲第一個邁上民主另一個台階的社會主義國家，使得社會主義制度即使對發達資本主義國家的勞動者，也具有了吸引力。捷克斯洛伐克共產黨和它的地位不僅沒有被削弱，而且得到了從未有過的加强。正是依靠他們增强了的威望，他們是可以對付反革命勢力的。佔領以後，捷克斯洛伐克卻變成了華沙公約中一個相當軟弱的成員，即使駐在那裏的華沙條約國的軍隊也無法輔助它。

進軍的目的是制止捷克斯洛伐克的黨代會，制止成立新的中央委員會，制止進行議會選舉。但這並不利於社會主義事業，反而意味著對反革命勢力在道義上的一種確認，致使它的負面效應長期存在。

我估計，在匈牙利社會主義工人黨中央委員會中也會有人認爲，除了已採取的行動外，是沒有什麼其他辦法的，相比起來這是兩害取其輕的模式。這個論點是不確切的。如果匈牙利社會主義工人黨和匈牙利人民共和國不參與針對捷克斯洛伐克的行動，我們很可能受到更大的考驗。但參與卻是兩害中的大害，從長遠看它將產生嚴重後果。匈牙利錯過了這次歷史的機遇，它本可以最終驅散匈捷關係中過去不幸的陰影，共同承擔困難，爲社會主義的未來奠定穩固的基礎。

我們不能用對蘇聯的忠誠來辯解這次行動，因而必須共同進軍。對蘇聯的忠誠並不意味著，我們應附和這次有損社會主義國家，同樣也有損蘇聯和國際工人運動的決定。

所以，我對匈牙利社會主義工人黨和匈牙利政府的領導人有關捷克斯洛伐克的最後決定不能同意，也不能代表。

順致社會主義的問候

安德拉斯·唐波

一九六八年八月二十四日於柏林

第十三章　我們仍然要面對東方

我們還得繼續關注東方——特別是柏林問題。在蘇聯舉辦的第一次也最後一次德國的大書展，是在一九六〇年。此後，與蘇聯對口機構的聯繫就岔斷了。蘇聯卻不受干擾，仍然幾乎每年都透過外貿組織「國際圖書進出口公司」在西德舉行書展，辦法是利用它在西德的夥伴公司、主要由西德共產黨經營的科隆「橋出版社」。陶貝特經常向蘇聯商務處抗議這種「不對等待遇」，要求允許在蘇聯舉辦德國書展。可這一次我們卻收到了這樣一個令人啼笑皆非的回答：

「如您所知，我們的展覽均爲『國圖』透過此地書商代理人舉行的商業性展出，因爲這些代理公司和德意志聯邦共和國其他公司一樣，都想提高銷售額和利潤。

「因此，這些由本地公司和出版社舉行的展覽，不同於兩國間文化交流專案中的展覽。」

據此，我們知道了有兩種截然不同的展覽，至少對蘇聯的勢力範圍内是如此，儘管這兩種展覽有著同樣的目的和結果，就是都想爭取讀者來購買所展出的書籍。我隨後找到了一個夥伴，相信和他一起有可能組織一個蘇聯允許的兩國交流專案。這就是那個名聲不太好的

「德意志聯邦共和國暨蘇聯關係促進協會」，它在莫斯科也有相對的組織，得到德國外交部的支援和承認。

我請求外交部協助和支援我們同這個組織建立聯繫。外交部也十分有興趣在蘇聯舉辦一個德國書展，因爲東柏林的朋友和莫斯科的同志間關係緊密，使我們幾乎沒有可能進行任何自我表現的機會。

我們透過外交部一位卡雷鮑夫博士，向協會主席鮑里斯・拉耶夫斯基教授轉達了我們的願望。但我們得到的第一個反應，僅僅是協會邀請了我們董事長施蒂希諾特參加德蘇會晤期大會期間在達姆施塔特舉行的一次招待會。那是一九六九年的十一月，過後的很長時間，又變得鴉雀無聲了。

很清楚，這個「協會」雖然在其章程中寫著，「其宗旨是」，「透過積極的資訊交流和報告會、研討會和展覽會等形式的直接接觸，建立良好的、對雙方有益的關係」，看來不偏不倚，但蘇聯不喜歡的事情，他卻一件都不能做。

對協會來説，它一方面不好拒絕我們的靠山外交部所提出的願望，但另一方面它的蘇聯夥伴卻不願意做這件事情。

我急於想去莫斯科，想探索一下在那裏籌辦展覽的具體條件，但一九七〇年過去了，没有作出任何有關展覽會的具體決定。「促進協會」的拖延戰術是這樣的：

一九七〇年六月二十四日，「協會」總幹事瓦爾特・蒂勒致函外交部文化司司長部務主任施太爾策，通知説，莫斯科期待我去談展覽會的問題。「協會」的秘書長牧師赫波特・莫哈爾斯基博士卻同時要求我啓程前，交給他一份展出圖書的清單。

一九七〇年九月三十日，蒂勒先生又請我延期行程，因爲主管此事的先生們，要到這裏來，而沒有他們，我在莫斯科什麼都做不成。然而，主管此事的莫斯科友好協會主席雷奧諾夫先生根本就沒有來，而其他幾位，我在波恩與他們交談時，卻對書展之事一無所知。

當這個小插曲過去以後，我再次進行新的嘗試時，他們說，莫哈爾斯基博士將於十一月前往莫斯科，屆時將爲我討個結果來。然而，前往莫斯科的，並不是莫哈爾斯基，而是蒂勒。他回來以後，疑慮重重，說莫斯科方面對此有些顧慮，所以我這時去莫斯科毫無意義，最好不要去。俄國人唯一信任的人是莫哈爾斯基博士。他二月底將訪問莫斯科三天。

而莫哈爾斯基博士這時則堅持要圖書清單，並堅持要到二月份才去莫斯科。但他主張書展只展出八百本圖書，而我們打算舉辦一個最少有三千本圖書的展覽。他說，一方面，俄國人原則上同意舉行書展的可能性是存在的，而另一方面，他們想先看展出的書目，然後才能談判展覽的問題。

我堅持在外交部舉行一次各有關人士參加的會議。在一九七一年一月十四日舉行的這次會議上，外交部和德國駐莫斯科大使館的代表以及我們（我的同事羅納德・維伯和我）强烈的要求下，蒂勒同意達成下列協定：

「1.衞浩世一月底前往莫斯科、列寧格勒、基輔和提夫里斯。

「2.莫哈爾斯基博士與莫斯科的ＳＯＤ（對外協會總會）電話聯繫，通知主管展覽的雷奧諾夫先生衞浩世的到來。並請求把衞浩世介紹給四個展出地點的負責人。

「3.衛浩世的行程將安排在二月中旬和莫哈爾斯基博士於莫斯科會面，然後共同在俄國人那裏解決可能出現的困難。」

我們當然不會同意事先檢查我們的書目。此外，應邀參加「新書展」，也是毫無意義的，因爲我們不知道何時舉行。

莫哈爾斯基博士當然没有給莫斯科打電話，我當然也未能於一月成行。即使外交部召見了蘇聯文化專員，向他解釋了舉行這樣展覽使用之技術進程，並宣布我即將啓程去莫斯科，也是毫無作用。

最後，我只好暫時停止參與這個專案，因爲我要前往巴西四個月。羅納德・維伯接過了這只球。而他終於在一九七一年六月，獲准前往莫斯科。

隨後開始了展覽會技術上和實質上的困難：他們在莫斯科友誼之家提供了一個又小又暗的房間，供我們舉辦展覽。說「俄羅斯人民」只對技術題材有興趣，而且不能印有裸體圖像，在藝術形象上也是如此。照片上不許出現旅遊目標。整個書目要侷限在一千種以內，印刷目錄之前，要交付審查。

羅納德進行了艱苦的談判。最後他把莫斯科的展覽場地爭取到了位於烏里揚諾夫斯基大街的國立聯盟外國文學圖書館。這次展覽將於一九七二年三月至四月舉行，爲時一個月。此外，我們在列寧格勒和提夫里斯兩市也找到了合作夥伴。

我們決定，可以把題材侷限在藝術和建築兩個方面。「裸體」和「旅遊目標」將在展覽目錄中以異化的型式出現，即用點陣、圈條網柵覆蓋所顯示的圖片。

我們大大前進了一步。但距離我們所追求的目標還很遠。政治上，我們以展覽行動踏入東方的時間，恰是一個特別敏感的時刻，莫斯科條約和華沙公約剛剛通過。雙方還都不知道它們會發生什麼影響。雙方陣營中都有人反對和懷疑這個新的諒解政策。尤其是在蘇聯一方，誰也不想在這個問題上犯錯誤，不願把自己的鼻子伸得過早和過遠。在這樣一個社會制度裏，哪個個人想從巍然不動的人羣中突出來，去幹一些尚未有明確實施規定的事情，那他會有致命的危險。

當四個佔領國於一九七一年九月專門爲此簽定了柏林協定時，這種茫然狀態才顯現出盡頭。

柏林協定

二次世界大戰以後，柏林始終是東西關係間爭執的焦點，也是測量雙邊氣氛的溫度計。當年的帝國首都於一九四五年被分成四個佔領區，起初由法國、英國、美國和蘇聯等四個戰勝國共同管理。

一九四八年六月十六日，蘇聯撤出盟軍司令部。一九四八年六月十九日在西區進行的貨幣改革，使蘇聯採取了閉鎖柏林的行動，直到一九四九年五月十二日。城市的西區由盟軍從西德透過「空中橋樑」供應。

一九四八年九月，德國人的自治管理機構也被分裂。城市最終分成了東西兩個部分。西柏林的法律、貨幣和經濟制度與聯邦共和國聯繫了起來，但在法律上仍有限制，也就是，它沒有變成聯邦的一個州，在聯邦議會選舉中沒有共決權，派往聯邦議會的代表沒有選舉權。

一九五八年十一月二十七日，蘇聯發出「柏林最後通牒」，柏林重新出現危機。莫斯科要求把西柏林變成一個非軍事化的自由城市，並廢止了關於柏林的各個協定。這次危機的高潮就是一九六一年八月十三日修建柏林圍牆，東德想以此阻止湧向西柏林和聯邦德國的難民潮。

一九七一年九月三日，美、英、法駐聯邦德國大使和蘇聯駐東德大使，在舜內貝格區（西柏林）盟軍管制委員會舊址，簽署了四國柏林協定，確定了柏林特別是西柏林的法律地位。

在確定西柏林法律地位時，雖然仍再次明確陳述，西柏林不是聯邦共和國的一部分，也不受波昂管轄，但也確定了，聯邦共和國可在國外代表西柏林。此外，西柏林和聯邦共和國之間「聯結」的維護和發展應得到保障。

在這一點上，協定留下了一個解釋上的漏洞。它的英、法、俄文文本中，都譯成了「聯繫」，這和德文文字中强調的「聯結」有著本質的不同。

莫斯科

我決定把我將訪問東京、香港、漢城、馬尼拉、曼谷、新加坡、加德滿都和新德里的亞洲大旅行，從莫斯科開始，以便能最終獲得展覽的許可和日期，因爲羅納德進行籌備旅行後的這半年時間裏，和在這之前的二十個月一樣，是在「協會」的花言巧語和不清不楚的決定中度過的，始終沒有一個讓我們可以開始做準備工作的跡象。

一九七二年二月九日晚上，我第一次在酷寒中站到紅場上。我把手深深地藏在皮大衣裏，把身體轉了一圈。克里姆林宮塔尖上的寶石紅星，巴西里教堂被白雪覆蓋著的蔥頭式的屋頂，古姆商場陰暗的輪廓，歷史博物館的紅磚建築以及紅岩砌成的列寧墓，都從我眼前飛過。我繼續轉著，在這廣場的中央，我感覺到社會主義世界中心的力量繩索的存在。我終於到了莫斯科。

我打算深入到這個力量中心去。我確認，我會成功。我精力充沛，充滿了希望和堅定的信念，決心不再任人宰割。離開紅場，我穿過馬克思廣場的地下通道，向附近的民族飯店走去。當莫斯科成爲政府新的所在地時，列寧就曾住過這家飯店。這是一座老式畢德麥耶爾派建築，裏面有寬闊的樓梯和巨大的水晶吊燈，底層四個餐廳裏，都在演奏著巴拉萊卡琴音樂。我決定要慶祝一下，品嘗一頓典型的俄式晚餐。

一進飯店大堂，我就嚇了一跳，有人用俄語朝我大聲喊叫，讓我把大衣交到存衣處去。然而我的驚嚇又升了一級，因爲我到一個餐廳門口時，不得不有些羞澀地顯示我那張小小的藍色住房卡，上面寫著我很不願意和自己等同起來的一個字：「資本家」。

「資本家！」服務生伸長脖子向餐廳裏大吼了一聲，我渾身一震，好像做了什麼不光彩的事而被人抓住了一樣。然而令我吃驚的是，一名年輕的服務生走了過來，帶領我越過俄國客人排成的長隊，走到樂隊旁的一張小桌，請我在那裏就坐。我要了一份由鱘魚、黑紅魚和煮得硬硬的雞蛋組成的冷盤和一瓶伏特加酒和白水。我感到很幸運，終於來到了莫斯科。我一口一口地品嘗著伏特加，就像在書中讀到的那樣，每喝一口後就聞一聞那塊黑「列巴」（麵包）。我感覺自己是一個馬可波羅，經過幾個月的辛勞，終於到達了目的地。我跟著樂隊專心摯意演奏的俄羅斯曲調哼唱著。以後的年代裏，我每到莫斯科的第一個晚上，都要在民族飯店的一頓魚餐中度過。

第二天早上，我前一晚自傲的感覺卻遭到了應有的打擊。我不由地又回到了「現實存在的」問題中來。在一位漂亮，但面對敵國墮落的資本主義腐蝕了的代表，顯示出十分傲慢的女翻譯的陪同下，我步行前往所謂的「友誼之家」，世界各國人民的各種友好協會，就坐落在裏面。我期望在這裏能夠最後澄清展覽會的細節問題，能夠帶著主管人士的簽字回到法蘭克福，根據確定好的日期，把展覽器材運往莫斯科。

我言語尖刻的共青團女陪同，帶領我穿過莫斯科冰滑難行的街道，不斷教導我關於社會主義不可阻擋的勝利的信念，然後讓我站在「友誼之家」的大門洞裏頂著寒風等待，她得先去報告雷奧諾夫先生說我有同他談話的願望。看來，莫哈爾斯基博士又沒有給他的莫斯科同志打電話，因爲，在這二十分鐘之久的冰冷等待之後，出來的並不是雷奧諾夫先生，而是另一位先生，他不通報姓名就告訴我說，雷奧諾夫今天很忙，請我第二天再來看一看。說完，我還沒有來得及提些問題，這位冷漠的先生就消失了。

次日早上，我的陪伴教官又帶我來到那座建築，但只領進一間暖氣生得過熱的前廳，就被一位胖胖的老大媽張開雙臂擋住，制止我繼續深入這所聖殿之內。經過一番短暫而喧鬧的德俄爭吵，我對這位肥胖、滿身異味、表情野蠻的守門母老虎，高聲而明確地說出我要見的人物「格斯鮑丁・雷奧諾夫」，企圖影響她。這位自命維護「蘇聯友誼」的女衛士才終於前去通報，但事先用手勢要我站在原地不要動。

然後，昨天把我輕易解決的雷奧諾夫的助手又出現了。他告訴我，格斯鮑丁・雷奧諾夫出差外出了，但展覽會已按原來設想的型式獲得原則批准，只是先要提供海報和目錄的設計方案以及書目清單進行審查。能否提供一份書面的審查標準，我反問道。但這時格斯鮑丁・雷奧諾夫的那位助手已經走在返回這座神秘大廈的路上，而那位老胖大媽立即向我暗示，此次覲見已告終結，我在本大廈的逗留權已消失。

我還拜訪了德國大使館，向文化專員表示，此項展覽事務已進入不可逆轉的處理之中（！），隨後我結束了我的首次莫斯科之行，兩手空空地繼續我前往東京的旅程。

後來，我在由此開始的旅行的最後一站，開闢了第二條戰線，在新德里的世界書展上，我和蘇聯主管圖書的「蘇聯部長會議國家印刷出版事業委員會」副主任馬提羅先建立了接觸，並向他預告了德國莫斯科舉行書展期間，將派一個德國出版業代表團訪問莫斯科。該委員會外事處一位十分自信的處長奈登諾夫（我後來同他又打過不少交道），在維也納國際圖書年贊助委員會一次會議上，對交易協會發言人亞力山大・馬騰斯表示，他雖然聽說過關於德國書展的計畫，但作爲主管部門的負責人卻未正式過問此事，因而對這樣一個展覽會能否成形表示極大懷疑。

這時所有的官方部門雖然都已捲入此事，但仍需真正執筆的莫哈爾斯基博士的「協會」，對它委託的執行單位開放「綠燈」。

我從東亞旅行回來以後，立即又抓起了此事的紅線。我向蘇聯駐波昂大使館、德國外交部、德國駐莫斯科大使館和「協會」均提出要求，請他們採取措施，最終促成這次展覽會。

一九七二年四月七日，莫哈爾斯基博士寫信給我：

「……我再次向您確認，所計畫的展覽會可以在一九七二年十月至十一月舉行。此事所以遲遲未決，是因爲雷奧諾夫先生已調職，可能於二月份即將在新的職務上施展才能。新的主管官員是維德尼可夫先生和他的助手維斯涅夫斯基。」

我們蘇聯夥伴迄今爲止，始終只是在口頭上作出過毫無約束力的許諾。我現在終於有一個機會取得他們的書面確認，日期就是一九七二年六月二日。我知道，只有一張正式簽署的文件，才能終結這無窮無盡的拖延。這一天，莫斯科「友好協會」的新主管維德尼可夫將和蘇聯大使館文化專員迪可夫先生以及蒂勒先生一起到我的辦公室來，就存在的問題進行一次友好的咖啡座談。

我必須爭取在這次咖啡聚會上，簽署一份文件，把它當作有約束力的承諾，寄給各有關部門，否則，對顯然出於懼怕或至少是不喜歡的專案的推諉，將會無限期地繼續下去。我和兩名懂速記的女同事，爲這次聚會進行了一場演習。我們準確地定好了座次，只爲每位客人準備了半杯咖啡。我們緊張地等待著客人們的到來。

他們來了。我們交換了必不可少的友好問候。先生們被安排到事先確定好的位子上。我介紹了我的兩名同事中的蕾娜特·里德巴赫夫人作爲我的助手，她將對這次談話做紀錄，這在莫斯科也是傳統的做法。

過了一會兒，她突然發現客人的咖啡已經喝光，於是離開了房間，但另一個同事安娜·格林瓦爾德立即進入房間，坐到桌旁，開始紀錄正在進行的談話。蕾娜特後來又端來新煮的咖啡回到房間，安娜就離開了。我爲大家倒咖啡，蕾娜特繼續紀錄。過了一段時間，安娜又進來，對蕾娜特耳語，但聲音很大，讓在場的每個人都能聽到，她說，一個國際長途電話需要她去接，蕾娜特又出去了，安娜又坐到桌旁。談話就是這樣進行著。

最後，先生們站了起來，友好地告辭。我一邊不斷地同他們握手，一邊說（我的兩位女同事在分別離開房間時，已把速記紀錄，用打字機打了出來）：

「各位先生，你們肯定不會反對把今天的友好談話，做一個談話紀錄吧？」

「當然不反對，」維德尼可夫回答說：「我們在所談的問題上都取得了共識！請把紀錄寄到莫斯科來！」

「我們不必再浪費時間了，各位先生，讓我們現在就用我們的簽字確認這份紀錄。我先來做一個示範……」

我把蕾娜特遞過來的紀要文字拿了出來，走到桌旁，擺出一個很誇張的姿態，在四份文件上簽了字。然後帶著友好的微笑，把筆遞給了維德尼可夫先生。他有些迷惑地看了看其他幾個人，又看了看文件，上面除了談論過的事情外，沒有其他內容，就簽了字。其他兩位先生也遲疑地簽上了他們的名字。

當「代表團」手中拿著紀錄匆忙地離開，把門關上後，我們三人立即高伸雙手，和那些擔心地向我們窺探的同事們一起慶祝我們的成功。我們確信，這個成功意味著與俄國人進行的難受的扯皮終結了。我們並沒有完全錯。關鍵在於「完全」兩個字！

過了幾天以後，蘇聯的「綠燈」就傳來了。一周後，我登上了前往莫斯科的飛機，以便最後敲定展覽會的日期和細節問題。

再訪莫斯科

那是六月，莫斯科溫暖得很舒服。維德尼可夫先生在友誼大廈的辦公室裏友好地接待了我。進門時，我帶著凱旋的姿態向四下觀望，但卻怎麼也看不到那個肥胖的擋路女人。這對我是個好的兆頭。

我們的展覽將在「外文圖書館」舉行，我和圖書館的主管代表安娜・達科諾娃商談展示的技術細節問題。在莫斯科再也沒有人怕和我接觸了。那份「文件」在這個信任文件的專制世界裏發揮了其造福的力量。

安娜，這位好安娜，她說的一口好德語，帶著俄羅斯婦女典型的高亢聲調。她是個聰敏而又熱心周到的女性，勇敢地、帶著歡樂（我們可以明顯地感覺到）投入階級敵人的這次展覽工作之中。安娜眼睛斜得厲害，但正是這一點，卻又奇怪地使我增強了對她的信任。

我邀請她到民族飯店吃「我的」魚餐。我向她詢問一切我對這個僵化的制度不懂的事情。她始終用一種平靜的認真態度回答我的問題。一個小小的友誼在我們之間產生了。快到周末時，她向我提了一個大膽的建議。

由於我經常問到，不同政見者的觀點是什麼（我特別對反對派感興趣，不論在巴西還是在蘇聯！），於是她答應帶我到莫斯科郊外一座別墅，去參加一個科學界不同政見者的聚會。外國人不經正式批准離開莫斯科內城是要受到嚴厲懲罰的，所以安娜用她丈夫的便帽、夾克和褲子把我化裝成爲俄國人，然後從莫斯科列寧格勒火車站乘上客滿的郊區列車，前往克蘭得斯蒂納別墅，這是著名的俄國實體學家維勒霍夫和他周圍一批實體學家和數學家的聚會。

在這個漫長而嚴肅的討論晚會上，我只能揣測他們的面部表情和説話的聲音。因爲他們用一小時的時間問過我一些有關德國和西方的新聞以後，就開始討論他們自己的問題了。我猜想是關於大學和研究機構中令人憂慮的現實。邀請安娜和我參加聚會的，是維勒霍夫的朋友和同事伏洛加・亞力山大羅夫，他不時爲我翻譯一下他們正在討論的問題。但我感到自己是一個在陶醉中分享自由信念的旁觀者，我不再提問。我盡量使自己矮小下去，不干擾這些人進行的嚴肅討論。

到了晚上，我們大家坐到花園的篝火旁，凝視著火光，開始哼起了俄羅斯歌曲。一名信使乘著一輛黑色轎車從莫斯科趕來，顯然帶來了什麼最新的訊息。人們頃刻間又消失到房間裏面，繼續他們的討論。

白樺的樹幹映著篝火的光亮，我坐在白樺之間，凝視著俄羅斯的星空。難道我已經深入這個拒絕一切的國度？

當我返回法蘭克福時，一封蘇聯部長會議新聞事務委員會副主席尤里・梅倫契夫的公函已先期到達。他表示願意接待我們的代表團和與我們就「關心的問題進行商談」。俄羅斯方面已經一切都安排妥當。

我堅信，最困難的障礙已經消除，於是打電話給外交部的R先生，瞭解關於展覽會上的「西柏林」問題是否有新的決定。R先生在以前的通話中曾順便提到，外交部法律司可能不會同意「德意志聯邦共和國和西柏林」的提法。R先生告訴我，此事已上呈到國務秘書那裏研究，準備透過德國駐莫斯科大使館向蘇聯政府交涉此事。這次展覽將成爲執行柏林協定的一個範例。

於是我們又有了麻煩！整個的扯皮又從頭開始。早在七月五日，迪可夫就在電話中提到，由於西柏林出版社的參加，出現了問題。我回答說，我們不可能把這些出版社排除在外，因爲他們都是交易協會的成員。

迪可夫答應先在大使館內澄清，然後再給我回電話。第二天的星期四，我打電話詢問，但仍無結果。七月七日，星期五再打電話，仍無結果。

於是我向迪可夫建議，我於下星期一去羅蘭斯埃克的蘇聯大使館，請他帶我去見可以決定此事的人，進行交談。

星期一早上，蘇聯大使館的二等秘書庫布佐夫向我表示歡迎以後，就轉入了正題，他明確表示，我們的展覽會只能由聯邦德國的出版社組成。

「可是，庫布佐夫先生，難道我們不能根據柏林協定附件四第二條，第二款A—D項的規定，解決西柏林人參加西德書展的問題嗎？」

「正相反，我的先生！我雖然不想先入爲主，但我堅信，鑑於對此的不同解釋，蘇聯在這裏不僅代表自己，也不得不代表四大國發表意見！」

而且，大使館對文件中寫的是什麼知道得最清楚。此事已和法林大使談過，而他是參與這個協定起草工作的一員。

交談中，庫布佐夫闡述了這個原則性問題——迪可夫一言不發——然後再次要求，西柏林出版社必須從展覽中排除。

「庫布佐夫先生，這個問題對我們既不是一個數量問題，也不是一個政治問題。我們只是迫於協會的組織型式。西柏林的出版社中，有一部分的總部設在聯邦共和國內，我們像代表西德出版社一樣，也必須代表所有在我們協會組織中的各個出版社的權利。因此我們不可能把任何一個出版社，不論是西柏林或者其他地方的出版社排除在外。」

庫布佐夫先生不客氣地搖著頭，表示出一副遺憾的姿態，最後做了一個總結。

有兩種可能性。一個是把西柏林出版社排除在外，另一個是我們重新提出舉辦聯邦德國和西柏林書籍展覽。但這將意味著，我們和莫斯科的「協會」從頭開始舉行談判。

我反問庫布佐夫，他是否認爲這個談判會出現困難，我們是否可能拖過原計畫的期限，他的回答是模稜兩可的：他不這樣認爲！

觸礁

就這樣，我們又碰到一個高度政治性的題目。這次我們遇到的問題，不是個人的隨心所欲和個人的無能。現在我們才知道了我們的處境。我失望了，因爲我幾乎就要達到目的。問題很清楚，我們面臨的政治問題，需要一個根本性的解決。這個問題我們是解決不了的。這裏需要的是外交。

我們的書展，將在蘇聯和德意志聯邦共和國雙邊文化政策中，扮演一個範例。對以後的文化活動也都要解決的一個問題是，如何在社會主義的外國，評價西柏林和聯邦德國之間的「聯繫」或「聯結」的含義。圖書成了政治載體。柏林出版的圖書變成了對政治的挑釁。

其實我喜歡這個有些被歪曲了的評價。這個評價不是表明人們認真對待圖書嗎？我幾乎每日打電話給外交部、德國駐莫斯科大使館和在羅蘭斯埃克的蘇聯大使館，讓他們不得安寧。我在輿論上進行威脅，我提出自己的建議：一個德意志聯邦共和國「和西柏林」的展覽，或者「包括」西柏林，或者「以及」西柏林，或者「同西柏林一起」，或者「共同的展覽」……波昂和莫斯科之間，也在交換著各種建議和考慮。

最後，德國駐莫斯科大使薩姆先生，提出了一個妥協很大的方案。在展覽的目錄和展覽中，採用這樣一種提法：

「柏林（西）參加這個展覽會，符合一九七一年九月三日關於柏林的四國協定附件四第二條第二款D項中蘇聯的聲明內容。」

外交部咬著牙同意了這個談判思路。蘇聯卻日復一日地拖延他們的附議。

展覽會定於一九七二年九月一日在莫斯科開幕。裝有展覽器材的卡車，已經到了好幾天，我們每日都受到新的安撫，八月十八日，我爲了有備無患，和外交部有關部門起草了一份展覽會夭折的正式聲明：

「德國書商交易協會同法蘭克福德意志聯邦共和國暨蘇聯關係促進協會合作，準備了一個德意志聯邦共和國藝術和建築圖書展覽。

「儘管兩國間沒有文化協定，德意志聯邦共和國仍支援此一活動。

「在與蘇聯政府部門進行準備談判中顯示，蘇聯不準備在締結文化協定之前，同意我們根據一九七一年九月三日四國協定，把柏林包括在上述協定之建議。聯邦政府在這種情況下，不得不延期展覽的舉行。

「與蘇聯簽訂以令人滿意的型式、保障文化交流中理所應當包括柏林在內的文化協定的準備工作，正在進行中。」

但希望之光卻久久不來。我們不斷獲得來自波昂的指示：耐心等待！九月二十二日，我的同事布勞爾和我再次打好行裝，準備飛往莫斯科。波昂的國務秘書弗蘭克指示：卡車停駛，飛行取消！外交部的R先生通知我，說高層人士認爲，現在這個時刻我們不積極反應，對事態有利。現在看來，展覽有可能被拒絕，這同昨天相反，昨天的事態還顯示出，妥協的方案有可能被接受。

然而，在最後一刻終於從莫斯科傳來了令人解脫的信號：「起跑！」。展覽由於技術原因雖然延期了五天，但它卻於九月五日帶著輝煌與光彩、在德高望重的外文圖書館老館長瑪佳麗塔·魯多米諾和交易協會主席科萊特博士的主持下開幕了。

展覽的名稱是「藝術和建築：來自德意志聯邦共和國的圖書展覽」。大樓前飄揚著德國和蘇聯的國旗，展覽會裏柏林出版社的書籍放在專門的展台上，配以柏林的旗幟，並標明四國協定的有關條文，此條文同時印在書展目錄的封裏。

由交易協會主席科萊特博士、馬肯森先生和克勞伊茨哈格先生組成的德國代表團也被允許前往莫斯科。

我們在這塊寒冷的冰面上，爆破了幾處漏洞：有些機構出現了，有些人也出現了。德國書商第一個正式代表團，與那裏當然是完全另外組織型式的對口組織進行了交談：例如國家印刷出版事務委員會這個主管全蘇聯圖書生產的强大的「圖書部」，部長是斯圖卡林，副部長是尤里·梅倫契夫和瓦西里·斯拉斯特年科。

在這首次會晤中，我們有幸結識梅倫契夫先生。後來幾次訪問莫斯科時，我總是爭取和這個委員會的首腦人物進行會談。此種會晤的處理幾乎像一種儀式，每一次都和上一次沒有多少區別。

一位主席的數次獨白是不可缺少的。我們這個小小的訪俄代表團，這次不得不鍛鍊我們的耐性了。這個超級部門的數字和成就給人深刻的印象，但卻無法從中真正看出這個巨大的圖書之國的實際情況。

而到了最後我們開始發言時，我們那位已經多少受到震撼的科萊特主席，對梅倫契夫先生理所當然地提到了「出版者的自由」和「根據自己的願望出版書籍」等概念，隨後則當然遭到梅倫契夫長達數分鐘對資本主義制度的尖銳批判：

「只有社會主義出版者才是自由的！在你們西方所做的，不外乎是無政府狀態！」

這就是第一次接觸。大家相互不瞭解。雙方都對對方知道得很少。從德國在莫斯科書展這個橋頭堡，再往外邁出一步去瞭解這個知之甚少而陌生的圖書領域，簡直就是冒險。

除了「委員會」，我們還拜訪了「美術」出版社、國際圖書進出口公司、列寧圖書館，以及參觀了幾個博物館和莫斯科大劇院的演出。

在德國大使館舉行的酒會以及正式的午宴和晚宴上，我們的東道主變得輕鬆了些，交談也變得隨便些了。當九月八日代表團訪問結束時，一場複雜而漫長的聯絡工作總算卓有成效地告一段落。我們成功地建立了對話，使過去出於思想、意識原因無法進行交談，始終把對方視爲固定意識型態的人們，一起進行交談並燃起了他們相互瞭解的好奇心。

德國代表團歡欣鼓舞地返回家鄉。克勞伊茨哈格先生在德國書商交易通報上發表了一篇長達五頁熱情洋溢的文章，描述他的印象，用了一個自我顯示的標題：「帶著正式使命訪問蘇聯」，他在文章中主要報導了他和其他正式團員在莫斯科的活動情況。

我又開始處理後續工作問題了，因爲一隻燕子還不會帶來夏天。反對我們諒解努力的俄國方面，又展開了新的出擊。特別是前面提到過的「委員會」外事處處長奈登諾夫，他是一個「强硬派」，還有蘇聯外交部柏林問題處，對這次達成的解決柏林問題的模式，也並不感到滿意。

首先，接下來的幾個展覽延期三個月舉行，因爲它們干擾了社會主義革命五十周年慶典活動。然後又是西柏林出版社參展的問題！我們重新談判。蘇聯人希望在西德展覽會中把西柏林出版社清晰地分割開來。

最後他們提出了一個想法，我立即接了過來，因爲太奇特了。我的會談夥伴提出要求，在列寧格勒舉行的下一個展覽上把所有在西柏林出版、印刷或西柏林作者寫的圖書一律用一面柏林小旗加以標誌。只有在這個條件下，他們才同意把「柏林的」圖書按專業類別歸入到相應展台上去。

所幸的是，薩姆大使和他的人馬都很幽默，向外交部表示他們支援這個「官僚方案」。其結果和我們事先估計的一樣，這個方案產生了和發明者的期望絕對相反的效果。

在列寧格勒參觀展覽的觀衆，一踏入展廳就會看到這樣一幅景象：每三本書就有一本插著柏林小旗，看起來就像是滿台的乾酪。尤其是那些堅持原則的同志，進入了聯邦共和國的展覽會，卻看到在這裡被突出來的西柏林形象，十分刺眼。展覽的第二天，所有小旗都被偷走了，在我們面前出現的，正是我們所希望看到的景象。

第十四章　亞洲之旅

我想做這次旅行，必須做。我原想讓一名同事去做這件事情，以便留在家裏繼續處理遺留的組織問題。但一種欲望驅使我去遠行。

這次旅行是我精心策劃的。自從陶貝特和外交部主管圖書的官員R先生進行了最後一次悲哀而滑稽的會晤以後，他就垂頭喪氣地把和這件不易對付的談判任務交給了我。

R先生是一位剛直不阿的老式普魯士官員。永遠身著深色西裝，大多穿著馬甲，深褐色的頭髮油光地梳向後面。身體總是挺直地坐在椅子的前沿，神經質地揪著掩蓋其左手義肢的淺灰色手套。他是一件人物化了的職務。他很少顯露出什麼個人的情趣，拒絕任何親近的舉動，比如共進午餐，甚至一杯咖啡，這在他來說都是行賄的企圖。他是一個辦事繁瑣、謹小慎微的人，給人的印象是，他彷彿運動在一根線條上：被權威的、政治的和利害的考慮所牽引所控制，拘囿於他「東主」外交部深邃而宏大的思路之中，這些都要透過他再越過我們這些目瞪口呆的普通人，進入「執行的社會」中去。他十分認真，不能容忍自行其是，或是用個人的觀念篡改他提出來的措施。

我們就是這樣進行了七年之久的「合作」，除了同匈牙利和蘇聯進行的令人矚目的政治專案以外，也在我們公司與外交部簽訂一份互利的合作協定時，在行文措辭上與他進行了相當艱鉅、有時甚至令人沮喪的談判。

只有一次，我在他身上經歷了對他異乎尋常的、甚至是過火的個人反應。這就是上面提到在陶貝特辦公室進行的那次談話，我當時也有幸在場。陶貝特嘗試再次説服他，今後雙方的合作能否在一種輕鬆、乃至平等的基礎上進行，就像我們同R的前任萬特所做的那樣。陶貝特講話時，感情越來越激動，最後甚至喊了起來：

「……在目前這種型式下，R先生像您現在這個樣子，整個事情就一點兒趣味都沒有了！」

這在R先生的思維大廈中，顯然是一個奇怪的理由。就在這一刻，他震驚了。這觸動了他的內心世界，儘管他的儀態絲毫沒有變化。他立即把義肢的手背擱到面前桌子的玻璃板上，開始神經質地拉扯手銕下面掩飾他義肢的淺灰色手套。最後他實在忍無可忍了。他用健康的那隻手拍打大腿，但挺直的坐姿卻毫不改變。他內心的震撼變成了嘿嘿的嘻笑：

「……真是聞所未聞？真是聞所未聞！還需要有趣味！有趣味！有趣——味！」

他把有趣味這個詞故意拖長，一再暢快地用手拍著大腿。

從這一刻起，我開始喜歡單獨成爲R先生的談判對手了。我盡量利用這個使命，開始時小心翼翼，然後展開攻勢，有時是開玩笑式的，有時又提出挑釁，然後再給以安撫和諒解，但始終責任明確，軟硬兼施。我學會了以這種型式做事的界限，也看到了個人欲望及人性需求的突現。正是這些，才能使得談判出現始未預料的天地。

當然，我也常常被談判對手陳舊的八股習氣和受人操縱的功利思想的頑固所折磨，而感到心灰意冷。又從波昂回來。每次在從波昂回到法蘭克福的列車上，我都習慣和同去的同事立即進入餐車，去喝兩杯烈酒，重溫剛剛和波昂那位官僚進行的一幕幕滑稽扭曲的談判鬧劇。等到了法蘭克福，我們雖然意猶未盡，但同時也感到壓抑和失望，我們在外交部進行的幾個小時的談判，又成了泡影。

這次旅行我也是經過談判爭取到的。在莫斯科（見前一章），我本想使陷入困境的展覽計畫，再啓動起來。在東京，我想瞭解一九六九年的書展所產生的長遠效果。在東南亞地區，從中期看，我也不想放棄在那裏舉辦書展的「運氣」。在這個地區，我還想進行一次詳盡的考察，因爲我們對它尚無實際經驗。我想（也應該）去拜訪其中的幾個國家，探索一下德國圖書在這裏展示的可能和機會。最後去印度——終於去了印度：新德里將舉辦首居世界圖書博覽會。我們在那裏申報了一個展位，由我去主持。遠離法蘭克福，遠離辦公室，遠離家庭：幾乎七個星期，從一九七二年二月九日至三月二十六日！

對了，家庭，我的脆弱的婚姻狀況一直沒有穩定下來。正相反，愛情減少了，代之而來的是權力之爭。多拉和我就像兩座對峙的碉堡。每人都透過射擊孔窺視著對方。她一再勸我放棄這裏的職位，和她一起到阿根廷。我常常做惡夢。

多拉幾乎只與拉丁美洲人在一起——我很奇怪，她總能找到這樣的人——主要是跟一個科爾多瓦人埃克托·魯比歐在一起，我幾年後見到他時，他已成了科爾多瓦省文化部國務秘書。多拉希望我取消這次旅行計畫。她用性冷淡來懲罰我，然後又說，我走了她很高興。

這是一次後果難測的旅行。我知道，我們已經複雜的關係，會由於我的旅行決心受到風險的考驗。然而，如果我不去旅行，而是留在家裏，做我每日的辦公室工作，以此來安撫我的伴侶對這個國家、對我們困難的關係，以及對我們中歐人中庸性格的難以抑制的原始憤怒，那是絕無指望的。我還是決定去旅行，儘管這將意味著，把尚在聯結我們的東西置於不顧。我啓程的時候，伴隨著我的，只有執拗和憤怒。但同時在內心裏還隱藏著一絲希望，能透過這一段時間的分離，最終找到擺脫這一混亂關係的途徑。我懷著嚴峻、但沒有探險的欲望和興奮的心情上路了。彷佛一個人走出了家門，而不知道是否還能回來。

我留在家中的這個牽腸掛肚的個人問題，始終伴隨著我度過了這次旅行的日日夜夜。然而，遠方卻吸引著我，本以爲業已消失的對外界的情趣和青年時代的好奇，重新在我心中滋長起來。在外面，我一向感到比在家裏自由得多，也比在我複雜的、被我的伴侶極度反感的祖國自由得多。

莫斯科

我於二月十二日清晨的迷霧中，離開了無情而寒冷的莫斯科，懷著滿腹的沮喪，我感到這裏的事情已徹底失敗了。我把海貍鼠皮大衣緊緊裹在身上，頭上戴著兔皮帽，乘著一輛黑色伏爾加牌轎車，呼嘯著前往契列梅契沃機場。這是一座史達林時代修建的四方形蛋糕式建築，位於屯德拉地區的風光之中。衆多的雕飾，使它在後建的現代化機場大樓羣中仍然獨領風騷。

當時的登機手續還是把乘客的機票和護照全部收走。在候機大廳裏茫然站立著的人們，由於失去了身分證件，更增添了束手不安的感覺。這種被出賣了的感覺，有時要幾個小時以後，才能透過蘇聯士兵不太準確地呼喊姓名而帶來的幸福感宣告終結。然後他們再用粗魯的手勢把可憐的乘客驅往一個方向，大家手忙腳亂地拿起行李魚貫向前走去。隨後再經過第二道和第三道不禮貌的檢查，終於來到外國領土。對我來說，就是到了日航的班機上。我鬆了一口氣，才剛踏上旅程，就筋疲力盡地跌到了飛機的柔軟的座椅上。

東京

東京是一座沒有人情味的畸形城市。是一片房屋的海洋，間或可以看到一些小房屋，裏面大約住著人，和精心培植的小巧園林。我從出租車的車窗努力向外望去，想搜尋可以驗證我對日本想像中的一些特色，但卻沒有找到。映入眼簾的只是高樓的牆面和交通秩序井然的大道，以及房屋和塔尖。在我前面，坐著身穿深藍色制服、手戴白色手套的出租車司機，聚精會神地駕駛著我們的汽車前進。我們之間被一面玻璃隔斷。我多想在拉丁美洲那樣，在從機場前往城市的途中，和司機談上幾句，感受一下我來到另外一個國家的心情！

汽車在旅館門前嘎然停住。透過一根巧妙安裝的槓桿，司機沒有從座位上起身就爲我開啓了車門。從他牙縫中傳出的一種吼叫聲，似乎告訴我應付的車資。我遲疑地把一張張鈔票遞到從玻璃隔斷的一個小視窗伸過來的戴著白手套的手上。我數著，數著，但卻聽不到可以使我解脫的「夠了」的反應。我停住了。一個不善的目光從那對陌生的眼睛裏射到了張開的手掌上。我繼續數。那隻手終於握了起來。司機用幾乎看不到的動作點了點頭。我下了車，繞到汽車的後面。後背箱自動開啓。我急忙取出行李，後背箱又自動關上。汽車開走了。

我到了東京。只有驚訝，沒有感到絲毫興奮，我終於來到這個亞洲的經濟中心，我立即以行動去適應我爲自己交付的使命。

我與著名的丸善書店和東京出版販賣（簡稱東販）建立了聯繫。我和日本的重要出版機構講談社和文化交流出版社協會商定了會晤時間。在電話上呼叫那句有趣的「莫西莫西」已成爲我的口頭禪，和一個真正的日本人沒有什麼兩樣。儘管各公司電話中無休止的轉接給「會講外國話的人」的程序，需要你有足夠的耐心，有時還要一再重撥號碼。

在丸善我見到了兩位部主任鈴木洋次和北川一雄，在東販見到了國外部主任道正津下，而在講談社則見到了經理信木三郎和銷售部主任崎山克彥，以及外貿部主任出川沙美雄。見到文化交流出版社協會的經理中島彰一叉著腿坐在他的辦公桌後，聽一名邁著小步走路的女秘書點著頭通報我的來意後，用喉音說著「噢」和「嗽」和「原來如此」的時候，我著實嚇了一跳。

我正處於一個極度陌生、一再使我驚奇不已的世界，我只能把它「咬下去」。在這裏，沒有一件事會自行到來。每一次啓動，都要費盡力氣，每天我最多進行兩項工作。我緩慢地完成了我對「日本圖書貿易」這個對象的瞭解。

它並不像我們想像的那樣陌生和不同。日本人是務實主義者。繁瑣的禮儀和有時拐彎抹角的表達模式，看來更多是一種保護性行爲，只要涉及實際問題，它們立即會消失不見。

使我放心的是，日本的圖書事業遵循實際可能的原則，不大受傳統和感情因素的影響。其結果就是一個充滿活力又有實效的書商體制。

日本書商代表對德國舉辦書展的努力，表示了熱情友好的歡迎。但他們也直截了當地告訴我，一九六九年我們舉辦書展以後，在他們詳細的銷售統計中並沒有出現明顯的反響。

我在日本書商世界進行了一番艱苦的探險之後，在一個周末逃向了日本樓海中的一個德國小島，拜訪了翻譯家希格弗雷德·沙施米特和他的夫人，一位東亞問題專家。他們在一家典型的日本飯館裏，教會了我如何使用筷子吃飯，帶領我遊覽東京娛樂區的夜景，和我一道擠上超載行駛的地鐵列車，這是真正「東京感覺」中必不可少的經歷。我們共同爲日本羅曼蒂克的公廁小屋開心不已，當你坐到三級台階上周圍鑲有鏡子的馬桶上時，就會響起「喝吧，喝吧，小兄弟，快喝吧！」的樂曲來。

這兩位真正的日本專家，曾翻譯過不少現代日本文學作品，他們向我介紹了這個令人難解的人民的可愛的一面：遠離西方商業氣息的神道教，精緻的園林傳統，祈求禪定的愛好和能力。

當我有幸到病榻旁探望講談社那位年邁的第四代社長野間省一時——他很早就肯定法蘭克福書展的作用——我已對日本的這種生活模式有所瞭解，把人間的交流融入空間的寧靜之中。在年邁的野間和他的私人秘書島田康夫向我簡短地致意之後，我在病房中陷入了沉默，但並沒有產生我們西方人在此種情況下往往會感到的尷尬。我在這寧靜中體悟到了這位生病老者的尊嚴。當我離開病房時，我感到一種安慰和滿足，彷彿我剛剛進行了一次長達數小時受益匪淺的懇談。

從此，我和他的私人秘書島田康夫之間，建立了長達十數年之久的親密友誼。我們的路，時至今日還常交織在一起。對我來說，日本始終與那位永遠專心致意的島田先生聯繫在一起。

島田康夫，難忘的朋友。

野間省一曾建立不少促進圖書事業的基金會。其中一個就是東京圖書發展中心，確定了自己推動亞洲圖書貿易發展的使命。

這個中心是一個非盈利的基金會，其年預算爲三千二百萬日元（約合三十五萬德國馬克），其中一半來自日本政府，另一半來自基金會成員的資助和聯合國教科文基金。我後來還認識了拉丁美洲和非洲的一些類似的中心，但其運作都不如東京這個中心那麼好。

他們的宗旨是，促進出版工作資料的交換，完善並傳播教科書及其他基礎知識圖書給新成長起來的讀者，在全亞洲推廣出版技術。

我在這裏上了一堂關於地區性圖書問題的課，此次旅行我本來就想深入研究這個問題。

中心的主任佐佐木敏史，他同時也是日本出版業聯合會的總幹事，和村井敏子小姐在這方面爲我做了不少工作：

幾乎所有亞洲國家，不久前都曾處於外國統治之下。它們的教育制度都和統治地位的殖民主義國家的需要聯結在一起。中小學和大學所用的書籍幾乎無例外地從外國進口。這樣一來，外國的出版社就可以在這裏通行無阻地全面立足。直到這些國家獨立，才有了亞洲自己的出版社。

亞洲國家獨立以後，各國新政府對教育政策和教學計畫，大多進行了革命性的改革，以便適應新社會的需要。於是突然出現了對各種新書的巨大需求。這正是企業人士立即投入出版事業的機會。

但在第一股熱潮之後，卻很快出現了降溫。年輕的出版者遇到大量無法解決的問題：亞洲各國間，當時幾乎沒有合作。各國只能爲本國狹小的市場生產。其結果就是：第一版印數總是很低，出現了入不敷出的局面。亞洲居民的購買力大大低於世界平均水準。在購買書籍方面更是如此。不論出版社規模大小：大家都缺少資金。銀行和政府在資助方面採取審慎的態度。除了書籍以外，出版社還能拿出什麼東西作爲擔保呢！

當時缺少有名氣的作者，特別是大學書籍的作者。總的說來，這裏幾乎不存有讀書習慣，也沒有大量的讀書愛好者。這裏缺乏現代化的印刷廠。這裏也缺少銷售體制，即使製作良好的書籍也難以賣出。這裏缺少圖書館。書店的付款信用和收款體制也發展得很不健全。

在其他亞洲國家還有語言問題。各種語言區都得照顧到。教學計畫還常常發生變動。盜版現象幾乎在所有這些國家裏都是司空見慣的事情。版權保護只存在於個別案例。

後來，我在幾乎所有發展中國家都遇到了這種混亂不堪的圖書狀況。然而我在東京時還以爲，日本人——這個過去主要殖民國家的後代，並對殖民後這種令人擔憂的狀況同樣承擔責任的國家的後代——是否把現行亞洲圖書貿易的景象描繪得過於陰暗。或許，他們只是爲了突出這個中心的必要性和作用以及其工作。但我現在就可以說，我這個想法沒有得到驗證，而是恰恰相反！

我在如此感情用事的狀態中，開始了亞洲之旅的第二站，想對亞洲圖書生產情況取得第一手資料，因爲不論何種型式的合作，我們都打算同他們進行嘗試。我於二月十六日飛往南韓。

漢城

從這次旅行的前一站，我學會了要根據這個大陸的情況相對地安排自己的活動。我在漢城市中心的朝鮮飯店租了一個房間。在這裏我按照城市地圖，系統地計畫我的會談行動模式。在這段時間裏，經常陪同我的是韓國大學德語系教授漢斯·尤爾根·查巴洛夫斯基博士，他和他的韓國夫人答允爲我們將舉辦的書展擔任鄉土顧問。同樣，歌德學院的院長瓦爾特·布羅爾、大使館的文化專員恩格哈特也都爲我提供了支援、引導和情況。

在這三位韓國問題專家的顧問和引導下，我開始進入這個國家陌生的圖書領域。我在這一周進行的諮詢會晤，簡直數不勝數。

我打算把我們德國小船置入的這個韓國圖書世界，到底是個什麼樣子呢？是否也像日本圖書促進者們所描繪的那樣糟糕呢？

朝鮮的印刷出版業在最初是很發達的。用活字印刷出版的書籍可以追述到高麗王朝的玄宗國王執政的時代（公元一〇一一年），他曾令人用木質活字出版了一部佛經，在同一朝代的高宗時期（一二三〇），還用銅質活字進行了首次印刷，也就是比德國的古騰堡還早二百年。

在古騰堡那個時代，還發生了一個事件，它本應促進朝鮮的獨立發展，並使這個國家變成與其他亞洲國家有不同發展的地區：那就是韓文，朝鮮民族文字的發明。

在公元一四四六年李朝的世宗大王令人發明韓文文字之前，朝鮮文學的發展完全依賴中國的漢字。就像在我們這裏的拉丁文一樣，漢字由於難學，成了貴族的特權。

然而，這個早期的成就，卻沒有被利用和發展。用活版銅字印刷的作品，變成了孤本。長期以來，朝鮮的出版業始終侷限在手抄本，或者我們所熟悉的古刻板書。

現代出版技術，是一八八四年朝鮮向西方開放時引進的。在這方面，和其他亞洲國家一樣，基督教傳教士發揮了決定性的作用。一八八八年，在漢城的天主教學校建立了一個印刷所，印發聖經和其他宗教書籍。一八八九年，漢城的培才學校也建立了一個印刷車間，用韓文文字和英文爲朝鮮基督教徒印製聖經和周刊。後來，又在到中國傳教的阿本策勒的主持下加修了一個裝訂車間，印刷和出版了第一批報紙、雜誌和教科書。隨著西方影響的日益增强，私人出版企業的數量也越來越多。

一九〇一年，日本帝國主義併吞了朝鮮，朝鮮的知識分子遭到審查、禁售等迫害，最終甚至有一段時間朝鮮語言也遭到了禁止，因此，本來很有希望的自身發展，陷入了完全的停滯。

直到一九四五年，在日本統治解放以後，韓國的出版業才又有了新生。一九四六年，每周出版的報紙增加到六十種，日報一百四十種。一百五十家出版社重新開始工作，在這一年裏，共出版了一千種圖書，總印數達到了五百萬册。戰後圖書的這一令人矚目的發展，是與這些年奉行的新聞絕對自由政策相適應的。

然而，一個新的政治發展的悲劇又爲這個國家覆蓋了陰影。政治上左右兩派的爭鬥愈演愈烈，一九四七年三月十五日，成立了韓國出版文化協會作爲各民主派出版社的代表，和另一個代表「左派」各出版社的「韓國出版協同組合」，形成分庭抗禮的局面。

一九五〇年韓戰爆發，韓國出版文化協會的出版事業陷入了新的危機之中。一九五〇年漢城被重新奪回來以後，南韓的公共新聞局註册的出版社只有一百八十五家，共出版書籍不超過十五種。

到一九六〇年，出版事業稍稍穩定了下來，但一九六〇年四月由學生運動而出現的政治形勢，導致了李承晚專制政權的更換，此後出現的混亂局面，又使出版業的發展再次陷入停滯狀態。

我去訪問的時期，南韓的出版和圖書貿易事業，在數量上雖然又有增加，但仍處於病態，無力爲一個對國家發展如此重要的生產部門，加以改造和提升。事實正好相反，根據聯合國教科文組織統計年鑑的資料，南韓出版社出版的圖書一九六六年從三、四八六種降至三、四六四種，一九六七年降至二、二一六種，一九六八年降至一、七五六種。這就是說：一九六六年，爲每一百萬南韓居民出版了一一九種圖書，與此相比，荷蘭是八五〇種，英國是五二六種，德意志聯邦共和國是三九五種，而當年世界的平均數爲一三七種。韓國這個數字到了一九六七年甚至降到了七四種，一九六八年繼續下降。

這就是我最終獲得有關南韓圖書貿易的資料。只不過是幾個乾巴巴的數字，但人們從中仍能看出，這裏的圖書狀況幾乎無法和其他亞洲國家相比，但從結構上看，其他國家的狀態也與此相差不遠，都呈現了出版事業處於連續不斷的危機之中。

爲我提供情況的人，無例外的都是些友好的同代人。但我卻第一次清楚地知道了自己的短處：我從外界闖入了一個世界，但我卻沒有做好準備。

我懷著敬佩的心情，參觀了帶有飛簷畫棟的鐵紅色廟宇和宮殿，以及刻有神秘標誌的封頂磚，彷彿在觀賞一張張明信片。我沒有讀過一本關於在這裏沉浮的統治者悲哀歷史的書籍。我不知道，是什麼驅使現代韓國人在行動。現代文學作品還沒有翻譯出來。我多麼想透過一部韓國小說的鑰匙孔去窺探這裏的生活。我看到的一切都使我驚奇不已。但我仍站在它的外面。

我在芬蘭時就曾這樣做過，只要有時間，我就要去瞭解這個國家的人和他們的生活模式。在南韓這裏，我感覺中的缺陷日益明顯。從此，我不斷累積著我想深入瞭解的各個國家和各種文化，只要有足夠的時間，就要去研究那些在頻繁的旅行生活中所經歷和所觀察到的一切。

過去，我曾以另一種方式旅行。過去我把自己的全部生活，都投入自己所經歷的，所擠進的陌生世界當中。現在我住在旅館裏，和周圍的生活毫無關係。整個白天，我都致力於友好而內容充實的會晤中，進行務實的談話，旨在完成我自己賦予的使命。

剩餘有限的自由時間裏，我仍然像以前一樣，盡量漫步於窄小陰暗的街巷，以此征服這個城市，並時刻期望著發生意外的事情，使我能夠突然進入封閉在我面前的陌生世界。

但什麼都沒有發生。正相反，我被因此顯示出來的屬性所束縛：我是個外國人，白人，富人。我所接觸的和得到的物品，都和我的身分相符，人們根據經驗已聰明地把這個身分標籤牢牢貼到了我的身上：

「來一個小姐吧，帶一個很棒的女大學生去你飯店吧！」

一天晚上，我在孤獨的絕望中，終於還是轉向了那個提供這種不規矩商品的影子——他始終在我身邊，儘管在過去的三天裏，他的要求沒有成功，我問他此事如何進行。

「沒有問題！先生！完全沒有問題！」

他叫我馬上買兩張電影票。我的「小販」立即拿走一張，跑了出去，提醒我不要離開電影院，等一會兒會有一名年輕的小姐坐到我旁邊的座位上，至於其他的事情，就會自然發生了。

於是，我惴惴不安地坐到了一家電影院中，心不在焉地看著銀幕，上面正放映一部美國動作片，幾部汽車在不斷翻跟頭，我耐心地等待著那位韓國小姐的到來，然後我就將和她……

就在這一刻我突然明白了我的處境，我所以陷入這一地步，是因爲我沒有能夠找到任何一個入口，進入包圍著我的這個陌生世界。我立即衝出了電影院，再也沒回頭。

像這次旅行中經常發生的那樣，我最終沮喪地來到了心情不好時總要去的旅館酒吧。我在那裏喝了很多威士忌，與一個ＩＢＭ面孔（也許是通用面孔）爭論著美元匯率、市場機會和股票風險問題，直到清晨時分。

香港

到了香港，事情就清楚多了。這裏的一切都是爲了生意，爲了生存，幾乎沒有任何其他的目的。

香港這個皇家殖民地產生於最普通的商業利益，這個城市也始終忠於這一傳統。當第一次鴉片戰爭（一八四〇—一八四二），中國的兩廣總督銷毀了英國在這個地區的大鴉片倉庫以後，英國的遠征軍就佔領了香港島。一年以後，即一八四三年，它變成英國的殖民地。

這裏的居民很少爲了用文字表達自己的文化而奮鬥。一八四三年，香港總共才有五千居民。當我一九七二年訪問這個城市時，居民約四百五十萬。主要是從廣大中國內地逃到這裏來的居民，他們人人都在與貧困鬥爭，渴望能生存下去。

同樣的圖書領域，只有在可以賺錢的地方才有所發展，比如印刷行業和教科書領域。我也就理所當然地來到了一位區百齡先生那裏，他是香港最大的教科書出版社齡記出版公司的總經理，他得意地向我展示透過出版教科書而獲得的財富。

這個友好的中國人，請我到他家中作客，立即讓我參觀他的浴室：黑色大理石的牆壁上，懸掛著鑲有玉石仙鶴和瑪瑙蘆葦的巨大畫屏，背景形成鮮明對比。畫屏之間，熱水從純金的龍頭中流出。這就是他作爲圖書出版者所取得利益的生動而簡單的明證。

緊接著就是有二十一道菜的盛宴，當然是使用純金的盤子，擺放在黑石面的餐桌上。這使我對上述的一切都諒解了，請原諒我。我一生喜歡吃，這一餐美妙的中國宴席，蘊藏著一個偉大的飲食文化，儘管這種生活模式應該批評。我得承認，在這一席飯中，我感覺很好。

馬尼拉

從香港前往馬尼拉的飛程是驚心動魄的，因爲我們遇到了颱風。它鞭笞著烏雲狂奔，我們小小的波音就像一片落葉，在空中被吹來吹去。我從機窗看到了馬尼拉機場跑道的全貌，飛機左右扭動，我又看到跑道出現在飛機的另一邊。菲律賓航空一名年輕的空姐，坐到我旁邊的座位上，用指甲緊緊掐住我的胳膊，緊閉起雙眼。

飛機終於接觸到地面，先是我這一側，然後是另一側。它沿著跑道跳動著，終於停了下來。一部分乘客面色蒼白地站起身來。

「我一再提醒機長，在這種天氣下不該讓副手駕駛飛機。」空姐組長低聲私下對我說。

「我們都知道，他喝酒！請原諒我那個年輕的同事，這是她的首次颱風飛行。」

「不，不，是的，謝謝！和您那位年輕同事在一起，是我的榮幸。」我悻悻地說著，趕緊下了飛機。

在外面的風中，站立著歌德學院的院長K博士，向我微笑。他友好地抓起我的胳膊，彷彿想立即開始他的馬尼拉課程。

他是一位和藹可親的四十多歲男子，對駐在國有一種狂熱的愛，而且立即會喜形於色地表現出來。在進城的路上，他就是這樣指點那些典型的菲律賓事物，比如帶有五顏六色的吉普車（集體乘坐的出租車），或者一個漂亮的婦女，或者一個帶著左輪槍的行人。

「您想瞭解一下馬尼拉典型的夜生活嗎？我不是指人們給遊客看的那些東西，而是真正的、野性的……！您能承受得了這些嗎？」

我想馬上就承認，我可能承受不了，但我卻迴避地說：

「看看再說吧！」

當天晚上他邀請我到他的舒服涼爽的家中作客，我認識了他可愛的金髮妻子。在這裏我發現了，這個人像我們後來常說的那樣，已經「叢林化」了。在他慌張的友好的後面，總是有些什麼不對頭，當我看到他妻子那張無可奈何求助的面孔時，我明白了：這個人已從他本來宣揚的文化屬性中，被周圍環境的旋渦完完全全吸了出來，失去了根基。他已經變成一個腳下無根的人，只是生活在對他所謂菲律賓特色的狂熱之中。

「讓我們到地獄去走一趟，好讓您的理想消失殆盡。」吃過晚飯他又提起原來的建議。我仰望這所溫馨的房間屋頂，一隻幾乎透明的壁虎，正用它那魔鬼般的嘻笑盯著我們。我很想和那位有些傷感的夫人再交談一會兒，但她卻默默地看著地面。於是我們動身了。

我們進入一個陰暗的酒吧，在門口每人都要把槍支交出去，並接受搜身檢查。長長的擺滿骯髒桌子的酒吧盡頭，有一面寬大的櫥窗，在耀眼的燈光照射下，裏面像雞羣似地擠著大約三十名少女，用誘惑的目光注視著每一個新進來的客人。我們要了幾瓶啤酒，啤酒送到桌上時沒有杯子。

「我告訴您，這裏怎麼做！」K博士說：「您想要哪一個姑娘？」

我根本不想要。我覺得很尷尬，來到這裡我感到很害臊。

「我們喝一杯啤酒就走吧！」

「不，不，我們來這裏，就是爲了看一看人的天性都能幹些什麼，只是爲了研究問題，」他說：「如果您不挑，那我來！」

他指了指其中的一個少女。她突然一下子來到我們桌前，以一種並非性感的姿態，脫下了她的遮羞布，突然跳上了我們的桌子。我根本沒有注意，我的同伴這時已經把一張鈔票纏到了一瓶啤酒的瓶口上，少女在桌上靈巧地一轉，用生殖器套住啤酒瓶上的鈔票夾走，然後跳下桌子，等待著下一輪開始。

我感到的不是憤怒和噁心。我感到的是對這人的動物園，和少女被屈辱的無盡的悲傷。我身不由己地被拉到另一個場地，在一個周圍擺著椅子，類似拳擊場的競技台上，一對男女正在進行性交活動。由大多是紅中透白、大腹便便的白人組成的觀衆，爲每一個動作都鼓掌叫好，直到最後歡呼著祝賀兩人完成的行爲。

我滿心羞愧地離開了這個競技場。第二天我又見到K博士時，我們隻字不提昨天晚上的事情。就像我們昨夜做了一場惡夢。我離開這個國家幾周後，他在皮納博火山附近駕教練機飛行時，死於一場空難。

在任何其他國家，我都沒有像在菲律賓這樣，清楚地看到其不發達的體制及其影響。當我開始瞭解其圖書狀況時，也發現了同樣的問題。

我見到了很多內行的談話對象，譬如一位著名的作者和畫家安德列斯·克里斯托巴爾·科魯茨，他同時也是國家圖書館的助理館長；又如作家亞力山大·羅策斯，他是一家教科書出版社的社長還是聯合國教科文專員公署主任；再如作家和菲律賓時報記者策爾索·卡魯蒙甘，和菲律賓圖書促進會主席阿貝托·貝尼帕尤，國立書店女經理索克羅·拉莫斯以及菲律賓書商聯合會主席阿爾大萊多·拉莫斯。

一五五三年菲律賓的第一部書《詩錄》（漢語版）問世，現存放在馬德里國家圖書館內（！）。第二部書《基督教教義》（西班牙文版），現存放在華盛頓國會圖書館內（！）。兩書均是所謂的木版書。《聖母羅薩里奧的書》（一六〇二）是菲律賓用本地語言以活字印刷出版的第一本書。

從第一本書出版到一九〇〇年，菲律賓大約共出版了六千種圖書。一九〇〇至一九六九，大約出版了二萬種。出版量所以這麼少，是因爲這個國家在歷史上曾經兩次被殖民者强迫使用外國語言，即西班牙人（一五六五—一八九八）命令使用西班牙語，北美人（一八九八—一九四五）命令使用英語。所需書籍均從這兩個國家進口。

在菲律賓，語言問題和其他亞洲國家一樣，是個起重要作用的問題。我拜訪這個國家時，英文和西班牙文與當地的菲律賓文享有同等的地位。但西班牙文只是在一定的知識分子範圍內使用和理解。居民中幾乎七五%的人會說也會聽英語。因此美國和英國是向菲律賓出口圖書的主要國家。菲律賓比索的貶值使當地書價十分昂貴，致使一些進口商，用影印的辦法出版這些書籍，價格比原版零售價低一半，甚至低三倍，對原書出版社只支付一〇%至一五%的回報。

和亞洲各處一樣，菲律賓也不存在推銷體制。儘管在馬尼拉地區購買圖書幾乎沒有什麼困難，批發書店、零售書店和出版社都能透過電話找到，真正的問題在於這個國家偏僻的農業地區和它的七、一〇〇個島嶼。

新加坡

城市國家新加坡只有香港一半大小。它進入「現代世界」是在一八一九年，是由斯坦福特・拉夫勒斯爵士建立的一個英國基地。此人是一位科學家，十分鍾愛東亞語言及其文化。英文和中文的書籍及宗教小冊子，都透過倫敦的「傳教士社團」（Missionary Society）出版。第二次世界大戰以前，出版物一律按新聞出版模式出版。各種不同的學校體制均從印度、中國、馬來西亞和英國購買教學材料。儘管在我拜訪期間，有很多出版方面的倡議，進口及再輸出圖書和期刊，仍是新加坡圖書產業的主要活動。由於優越的地理位置和居民的英語水準較高（除中文、泰米爾文和馬來亞文外，英文也是官方語言），以及殖民地的歷史和較高水準的印刷工業，很多英國出版社都在這裏設有分支機構。有些，例如朗文和牛津大學出版社已成爲獨立的新加坡出版社，特別是專業圖書和在大商場上出售的少兒讀物。但供科技專業使用的教科書或文學作品在新加坡幾乎不出版。

我到達了新加坡，這是我在東南亞考察旅行的最後一站。我很累，衆多的接觸，氣候的變化，街上不時傳來「處女，保證是處女！」的喊聲，還要隨時留神那些圍在身旁老也不想離開的皮條客。我很難過扮演這個被强加的好色白人的角色，只要一離開所住的頭等旅館的大門，立即就會被形形色色的毒販包圍起來。

有時也會出現一個真正人的面孔，使我得到安慰。比如我旅館酒吧中那個菲律賓樂師，或者剛剛破產了的新加坡出版商多納德·摩爾，或者纏著巨大頭巾的印度篆刻人科普拉，或者國家圖書館那位機敏過人的館長阿努阿爾夫人。

我在新加坡的最後一個夜晚，仍然鑽到了旅館的酒吧裏，心中充滿厭倦和傷感，品嘗我的威士忌，思考著該做點什麼。到新德里世界圖書博覽會，還有差不多兩周的時間。我過早來到了現在這個終點站。

我從酒吧椅上站起來，付了錢，決定睡覺之前，再到新加坡的幾條街巷去散步。我和周圍世界的隔離，我在此次旅行中被迫扮演的角色，都使我感到壓抑。我離開了旅館，深深呼吸著夜間的滲透著夾竹桃香味的熱帶空氣。但他又出現了。

「先生，喜不喜歡真人表演的？兩個男的玩一個女的！特惠價，我給您特惠價！」

我像趕蒼蠅似的，想把他趕走。但他卻堅持不動，甚至抓住了我的皮帶：

「要特惠價嗎？我給您特惠價！先生！」

我猛然一轉身，想把他嚇走，但不巧我的小臂正好掄到他的臉上。在風中搖撼的路燈的黯然光線下，我看到他睜大了眼睛，摔到一塊水窪裏。我想去扶他，但他自己跳了起來，嘴裏用馬來語，也許是泰米爾語罵著，狂奔進前邊一條陰暗的小巷裏。

接著，該輪到我逃跑了。我似乎看到在每個陰暗的路口處，都跑出一個手握彎刀的馬來人或泰米爾人，看來我讀康拉德的小說讀得太多了。

我氣喘吁吁地跑回了旅館，立即從房間打電話給日夜營業的機場旅行社。第二天早上我登上前往加爾各達的飛機，從那裏打算再乘一架螺旋槳飛機，前往喜馬拉亞山國尼泊爾的加德滿都。

加爾各達

乘坐馬來西亞航空公司一架小型的紫爵號飛機飛行，使人輕鬆而愉快：飛機只有三十一個座位，機上服務是第一流的，座椅寬大而舒適，很像家裏的客廳。中午時，一名廚師從機上的廚房裏走了出來，問我們想吃些什麼。我要的一份牛排是照我希望的做成「中熟」。飯後又端上了菲律賓的雪茄和白蘭地。我們心滿意足地飄浮在雲層之中。飛機在輕輕的轟響中飛在它的航線上。

然而，到了晚上我們終於跌入加爾各達的夢中。這個城市我後來和它還有過一次特殊的遭遇，但這時卻全城擁擠著二百多萬孟加拉的難民，孟加拉不久前脫離了巴基斯坦，成爲獨立的國家。

降落以後，我們這些乘客從燈光昏暗的機場被帶向一輛破舊的巴士，車窗上釘著鐵欄杆，看起來很像是一輛報廢的運囚車。巴士開動了，但卻一再陷入街上擁擠的黑壓壓人流之中無法前進。車上同行的一名士兵一再下車，嘗試爲巴士開道。有些地段不得不把一些人抬出道路。所有這一切，我們這些乘客當然只能看到個影子。爲數不多的路燈照不穿那充滿刺鼻的燃燒牛糞味道的黃色夜霧。

幾個小時以後，我們來到了一座陰暗的要塞般的旅館。乘客們幾乎都是利用加爾各達作爲中轉站，再去其他亞洲地區的，這時，幾乎沒有一個人願意進入蠟燭微光照耀下的黑漆漆的房間。我們集中到一位年老的美國人房間裏，每人都拿了隨身攜帶的酒精飲料和可以發光的東西。我們在那裏堅持到清晨，這期間每人都講述了各種故事和他的亞洲經歷。在這陰暗的加爾各達的旅館裏，在迫不得已的情況下，我得到了盼望已久的人與人之間的自然交流，可惜又是在我們自己當中：歐洲人、美國人和少數幾個歐洲的印度人。

加德滿都

然後我來到了加德滿都。我有一種被解放的感覺。在這裏我沒有職業上的使命。一種休假的氣氛包圍了我。

我弄到了一輛自行車，騎著它穿過加德滿都山谷，前往巴塔克普爾。我早上五點起床，跟在身背柴禾的婦女後面，學著她們那和諧的走路姿態，登向山上的寺廟。在這裏我一直待到太陽落山，我觀察，我拍照，我在經歷。在這裏我終於克服了我作爲陌生人的不安感覺。沒有人干擾我。到處是微笑。一位和尚給我解釋如何用轉經筒進行禱告。

一個可愛的民族！不論我在什麼地方問了什麼，總會得到友善的回答。這個民族走路的飄逸姿態一再吸引著我。我一再跟在他們身後，模仿他們的走路。我想揭開這種姿態的秘密。他如果回過頭來看到我那僵硬的嘗試，就會笑起來，然後不以爲然地繼續走他的路。

尼泊爾當時還是自由吸毒的國家。這吸引了很多歐洲和美國的青年人。我是經歷過六八年的人，在我的家裏，一些年輕的來訪者曾毫無顧忌地點燃起帶毒的香菸。但我自己卻從未接觸過那個「魔鬼東西」。但在這裏，在這世界屋脊之上，直接在大熊星座之下，我倒是想試一試！

我參加一羣懷有同樣目的的美國少女。在一家小酒館裏，我們每人吃了一盤大麻布丁，然後又抽大麻香菸，直到第一個姑娘，被可怕的幻象驅使得大叫起來。除了越來越嚴重的噁心外，我幾乎什麼都沒有感覺到。我費力地（星空是如此的低，我不得不彎下身來）把尖叫著的姑娘安全地送回旅館。第二天，劇烈的頭痛使我的眼睛都有些傾斜。布丁裏放的是什麼呢？難道這就是衆口稱道的那種「草」？那種可以擴大知覺的作用嗎？這個經歷使我想起了兒時受責打的情景。我再也沒有興趣去重複這種事了。

在這裏的逗留，我也不想完全不進行業務活動而虛度。尼泊爾幾乎沒有出版社，總之，在電話簿上是找不到的。

德國大使館的文化專員介紹我與賽哈．普拉卡山出版社聯繫，於是我在加德滿都終於來到了一位友好的卡馬馬尼．迪科西特先生和他的出版部主任納倫德拉．比克拉姆．潘特的面前，向這兩位頭戴典型尼泊爾小帽、不解時左右搖著頭的出版人，講述著遙遠的法蘭克福書展，那個全世界出版人聚會的地方。

我瞭解到，尼泊爾的圖書大多不是在尼泊爾印刷和出版的，而是在經濟上更合算的瓦拉納西（印度）出版。那裏紙張和印刷費用都比加德滿都便宜，而且有二千多印刷所，可供價格比較。在鄰近的西孟加拉（印度）講尼泊爾語的大吉嶺地區，也生產大批尼泊爾書籍。

我規矩地離開了這裏，確信在出版方面這裏沒有什麼事情可做。我終於踏上了這次旅行的最後一站——新德里的旅程。

在尼泊爾的會晤我已經不太記得了，但這一年的秋天，我們書展開幕的前兩天，法蘭克福機場人員給我打來電話說，有十一名尼泊爾的出版人，穿著典型的民族服裝，身無分文地到達法蘭克福，打聽「法蘭克福書展的衞浩世先生」。

新德里

印度當時就是世界上一個重要的圖書生產國。僅次於日本，居亞洲第二位。每年生產圖書一萬二千種，在世界上排在蘇聯（七萬四千六百種）、美國（六萬二千種）、德意志聯邦共和國（三萬三千四百種）、日本（三萬一千種）、西班牙（二萬種）和法國（一萬八千六百種）之後，居世界第八位。

但從人口平均數看，印度（當時的人口爲五．五億）每年人均圖書生產量還是相當低。當時全世界各國的年平均出版圖書水準是每百萬人一百三十種。亞洲地區平均是五十種，而印度僅爲二十五種。如果從平均印刷量看，印度和其他地方的情況則類似。用一種印度語言，如印地語、馬拉地語、孟加拉語、古拉亞地語、泰米爾語或其他語言出版的非文藝性圖書，每版的發行量一般很少超過一千冊，用英語出版的圖書，發行量大約是上述的二倍。這就是說，印度人每人每年消費圖書量大約是三十二頁，而世界上的出版大國則可達到二千頁之多。

這個數字告訴我們，在圖書領域，這個國家過去和現在面臨的問題有多大。另外一個矛盾的現象是，儘管耗費很大精力進行了掃盲運動並取得了成效，但文盲的人數仍在不斷增加。六〇%的印度人無法透過書面文字進行交流。原因在於：人口增長過速。

圖書展覽方面的工作，在印度開始於一九六四年，當時在新德里舉行了全印書展，展出了一萬八千種印度重要語言的圖書。一九七二年在聯合國教科文組織宣布國際圖書年的背景

1972年新德里「世界圖書博覽會」開幕式。
印度總統吉里參觀德意志聯邦共和國的展台，他身後是博覽會經理杜加爾。

下，印度舉行了第一屆圖書博覽會，當時就被提升爲國際性的「世界書展」。

東巴基斯坦（孟加拉國）事件的發生，使得定於一月舉行的活動，成爲疑問。站在孟加拉國一邊並進行了軍事干涉的印度政府，取消了一切國際活動。戰爭出人意料的結束，使形勢很快正常化，印度政府和圖書公司於是決定仍然舉辦世界書展，但時間延期兩個月。

有些國家宣布拒絕參加，但總的看來，友好的外國協會、組織和出版人，還不想在這種情況下丟下他們的印度夥伴不顧，所以在新德里溫莎廣場搭起的臨時展覽場地上，儘管時間上有很多困難，還是可以看到不少外國的綜合性展台。

英國、北韓和蘇聯等國以較大規模參展。蘇聯人在一塊空地上建立了自己的展廳。美國只有一個出版社參展，日本也是如此。而法國、匈牙利、捷克、南斯拉夫、愛爾蘭和肯尼亞都送來了綜合展覽，東德和我們「聯邦德國人」也是如此。

東德展台的負責人是一位友好而好奇的同齡人，他特別對印度文學有興趣，所以尤其受到東道主的青睞。他在他的展台上展出了世界書展上「最大的書」，一部手繪的地圖册，是當年約翰·莫里茨·封·拿沙·西根親王送給大選侯的禮物。這本書被放置在東德展台的中央，成了衆目睽睽的寵兒，和印度報刊上屢屢出現的大標題。

在國外共同參加活動時，「此間和彼間」的德國人都是懷著狐疑觀察對方的。如果這個或那個德國有了突出的表現，另一方的大使館就會神經過敏。所以我就從行囊中掏出了「世界上最小的書」，這是美因茲古騰堡博物館的手工產品，我們每次都要在行李中帶上幾册作爲禮品贈送。書展上兩個反目兄弟的「最小的」和「最大的」書，自然就成了記者新的標題內容。這也就導致了我們的第一次交談，東柏林人民和世界出版社社長尤爾根·哥魯納和法蘭克福交易協會外展部的我這個「年輕人」。我們在另外一個完全改變了的情況下，還結成一段不尋常的友誼，雖然當時並沒有想到。

我在這次亞洲之旅中所獲得的業務和展覽技術上的資訊，回國以後立即報告外交部和我的同事布勞爾，他在以後的兩年裏，一直同這個地區打交道，並籌辦過多次德國書展。

我又投入日常的工作中，彷彿這期間什麼都沒有發生。有一陣子我感到很奇怪，沒有一個人問我，沒有一個人想知道我都看到了甚麼，我有過什麼經歷。我拍下的準備彙報用的上百張幻燈片，也沒有人想看上一眼。不論是在家裏還是在辦公室都是如此。我突然發現，我的活動是我的社會環境所無法理解的。此後，我也就不再對此抱有任何期望，並在旅行時完全放棄了拍照。

然而，我們生活的影像，不就是由朋友、同事、親戚和家庭構成的嗎？我們不是不間斷地在顯示我們在做什麼，在想什麼，以及如何在行動嗎？不就是希望人們知道這些嗎？想被別人知道的東西，不正是我們自己想佔有的影像嗎？可能被身旁的人們批評、承認、嫉妒、或讚賞的這個自畫像是不斷在變化的。然而，只有在這種變化中，它才有可能發展成爲穩固的自我價值感。

這次旅行之後，我毫不奇怪地看到，我在途中所感受到的陌生處境，同樣在家裏也是我不喜歡的伴侶。多年前，我就開始尋找一個祖國。在我衝向「內部」的旅途中，我陷入了哪兒呢？我仍然渴望著找到我的歸宿。

第十五章　決斷之年

在世界的某類地方，例如拉丁美洲，我有時有一種信念，覺得可以被它所接受。但在亞洲，我的全部幻想都破滅了。

那麼在德國呢？在這裏，我轉入一個無法與周圍環境相適應的家庭，從而陷入一個無家可歸的陌生狀態之中。這個家庭與我不神聖的國家間的聯繫，只是薄如絲帶的一紙工作同意書，但它卻連接著我在國外的使命。

我不能不吃驚地發現，我在努力追求十全十美的工作成績時，實際上就已經意識到，我已偏離了正確的航線。

重返我父輩的國家，是我自己選擇的。我曾相信，只要能學會一門「正經的」職業，這就是可能的。然後我就「進來了」，並且重新納入了社會。然而，我青年時代的「在外」，在我的生活中卻不僅僅是一段插曲。

就像奧施維茲無法倒轉一樣，一個把奧施維茲看成是其生活的一部分，並納入自己歷史的人，也不會就如此簡單地再鑽回「從前」。奧施維茲摧毀了以爲一切可以復原的幻想。一個根本的信念被摧毀了，從此每個人都只能在自己薄薄的皮膚之內活動，它掩蓋了人的殘酷的本能。

我在這個國家和在這些人當中，不可能有回家的感覺。他們開啓了潘多拉魔盒，同時也摧毀了對人的文化屬性的信任。

在我明白之前，我就是以此爲根據行動的。我曾不自覺地去爲自己尋找其他的屬性，並期望能被人所接受所融解。我在丹麥企圖建立一個外國家庭的努力，我企圖利用我的職業活動投入到對國家有益的交流中的狂熱，都使我悟到了一個道理。

如果當時確能如此，我又怎麼會還在這裏？我不是理所當然應該跨入另一個文化結構中去嗎？在拉丁美洲我不是到處遇到了熱情的接待嗎？難道我能夠徹底把我想當德國人的念頭拋到腦後嗎？

我已經不像幾年前那樣堅定地信仰未來和魯莽從事了。我已經懷疑我是否能夠拆掉我身後的所有橋樑，與我的家庭徹底去拉丁美洲了。

這是不是因爲我在法蘭克福期間陷入了與我拉丁美洲妻子之間不可調和的對壘之中呢？反正我害怕，「在那邊」，我的德國屬性和我的無法掩蓋的德國性格，會使我陷入孤立和寂寞之中。

我必須做出決斷，因爲我的亞洲之旅已經表明，我在這樣的地區裏，不論是在裏邊還是在外邊，都無法長期堅持下去。我要做出決斷，但我不想輕率行事。我在內心權衡著得失輕重。

這時正好有一個機會，使我有可能到現場充分思考這個問題：我要到墨西哥進行籌備展覽的工作。此外還要探討在安第斯山脈國家，和中美洲開闢展覽可能性的問題。我高興地抓住了這個機會，想下一番功夫去研究和認識這個最可能成爲我祖國的大陸，我設想，從此旅行要完全在陸地上進行。

亞洲之旅的經驗給了我啓發。我越持久深入思考我的不滿，以及我的局外人問題，我就越清楚地看到，我正處於一個新的變革前夕。我不能也不願意在這個公司中待下去。我應該再次上路。到哪裏去，我還不知道。但我越來越清楚，此處我已從事五年的事業，不可能是我的前程。我還想把這最後一次對拉丁美洲的長旅「帶走」，然後就離開這裏。在這之前，我積極努力地完成日常的工作任務。我仍然全力以赴地繼續開展我在展覽博覽公司的活動。

命運一向是如此。一九七二年十二月中，陶貝特突然把我叫進他的辦公室。他嚴肅而神秘地在我身後關上了門，然後告訴我全公司都知道的事情：他一九七四年六十歲時就準備退休了。然後他更神秘了：他想建議我作爲他的接班人！

「吶，你有什麼可說的？」

他的目光盯住我，臉上散發著期望的喜悅。我能說什麼呢？我知道，他早就指定了另一個接班人選送上競技的跑道，那就是繆勒・樂姆希爾德博士，他是我現在職務的前前任。他已經開始從一個董事會成員到另一個董事會成員那裏進行著競選活動了。

繆勒・樂姆希爾德博士是一位和藹可親但也是個慢性子的人，散發著同事的親情，另外他比我年長十歲，是一個成熟、有節制、也可靠的人。是什麼促使陶貝特爲這個形象完美的人，又選中一個不安分的、至今尚未定型的三十五歲的人物投向競選的舞台呢？何況他還一直背著左派分子的名聲。難道他想雙倍保險嗎？我不相信他會突然對我產生了好感。我們之間的關係也並不是完全沒有糾葛的！

此外，我本來就不想在這個公司尋求我的前程，現在我當然還不能說這些話。我還想先完成我的拉丁美洲之行，之後再遞上辭呈！

於是，我說了一句「讓我考慮考慮」，就離開有些失望的陶貝特主席。在後來的幾天裏，我努力忘掉這個突如其來的機遇。我嘗試把這個想法轉移到這只是別人對我恭維的表現，因爲根據我自己的估計，透過董事會選舉接班人，我根本沒有任何希望。與董事會始終處於緊張關係的陶貝特，提出這個建議，反倒對我的當選會產生負面的效果。何況我的真正心思是離開這條道路。只不過我還不知道到哪裏去！

但事情就是這樣，從此，不論是入睡之前，在火車上，在汽車裏，或者是白天在辦公桌旁有時走神時，有一個聲音總是一再向我襲來：如果真是這樣，那麼……？

最後我同克勞斯・索爾約定了一次會晤。我在巴西時結識他，是我們行業裏公認的行家。我們在法蘭克福的客來思樂咖啡館會面，我問他：如何看待我的提名和我有多大的機會。

凡認識克勞斯・索爾的人，都會知道這次談話是如何進行的。他開始不斷地講著本行業中這個人或那個人的趣聞軼事，以此來表明他是如何瞭解同事中的內幕情況。我沒有打斷他，也不表現出特殊的興趣。當我們在衣帽間要分手時，我問他：

「索爾先生，您還沒有回答我開頭提出的問題！」

「開頭的問題？啊，您不必抱太大的希望！」

是的，我本來就沒有抱什麼希望。我鬆了一口氣，離開他。但陶貝特卻一再要我做出決定。他感到有些惱火，因爲他提這個建議，本來視爲一種對我的信任。斷然回拒，我現在還不願意。回拒是合乎邏輯的，因爲我越來越確信，訪問拉丁美洲之後我就離開公司。所以我一再拖延時間，沒有給陶貝特明確的答覆。

一九七三年二月初，我到芬蘭去進行籌展工作。我們打算在拉彭蘭塔、奧盧和圖爾庫舉行建築專業圖書展覽。我岔斷了去赫爾辛基的飛行，在漢堡短暫停留，拜訪了這期間已成爲董事長的馬蒂亞斯．維格納博士。維格納博士在漢堡萊恩貝克區的羅沃爾特出版社的辦公室裏熱情地接待我。他立即要我全心全意去爭取主席的職位。他本人將支援我。當天晚上我帶著矛盾的思緒繼續我的旅程。

三天以後，是一個星期天，在拉彭蘭塔：我在冰上散步，有的地段，冰如此透明，使你感到彷彿是走在水面上。後來，我回到我有些污穢的小旅館帕特里亞，拿出紙和鉛筆，開始寫了起來。回顧這幾年來的生活，我在總結，我想找出一條紅線來！

當我無法繼續想下去時，我從行李中掏出一本書來，這是我早就想讀的一本書：弗蘭茨．法農的《這個地球上的罪人》。晚上我去餐廳，那裏正在跳舞。我吃些東西，饒有興趣地觀看死板生硬的小市民的常態。我感覺到，法農的書已經深入我的心中。

回到法蘭克福，我給陶貝特以肯定的答覆，聲明我有興趣參加競選。我當時堅信走這一步是毫無意義的，我只是想，如果後來在拉丁美洲没有出現我所期望的情況，不能現在就放棄這個機會，至少可以試一試。就這樣，我啓程去墨西哥，我的妻子先把孩子送到阿根廷，然後再和我會合。

旅行日誌

墨西哥

第一天，一九七三年三月六日

飛往阿姆斯特丹，一小時後繼續飛行，第一次乘坐波音七四七，經過蒙特利爾、休斯頓，飛往墨西哥城（行程共十六小時）。在這架巨型客機的裏面，人們失去了飛行的感覺！蒂勒和他的生活伴侶貝阿特麗茨在機場迎接我，還有墨西哥圖書進口公司的金髮墨西哥人巴蘇托。

第二天

德國大使館文化專員弗蘭克先生，讓我等了半個小時，因爲他沒有找到有關這件事的文件，這是一個典型的慢性子人！在圖書進口公司和巴蘇托及蒂勒談德國圖書上市的問題。隨後去桑博恩，它既是餐廳又是書店。然後去出版中心，主任是米斯拉奇：墨西哥圖書貿易是如何組織的？

第四天

弗里德里希・埃伯特基金會的迪特・考涅茨基謝絕會晤，因爲他生病了。「海外德文書店」，這是在德國學校和歌德學院附近的一家德國書店。女老闆叫馬格麗特・科來因，是一位柔軟的女子，帶有很多過時的頭銜。銷售額主要靠畫報和教科書。

然後去國際書店：一九四一年由維也納書商魯多夫・諾伊豪斯建立，開始時是一家出售德語文學書籍的書店，後來轉爲專營英語科技圖書。但現在的店主羅伯托・科爾布始終把自己看成是歐洲和拉丁美洲世界之間的中介人。他把這家書店和他的現代教科書出版社的很多股份，出讓給荷蘭的埃爾西維亞出版社。

第五天

星期六。我躺在溫蒂多公園的草地上，讀著胡安・魯爾佛的《人鬼之間》。公園裏到處是奧爾美、阿茲提克及馬雅文化時期的頭像。然後和蒂勒一起去瓜達魯佩聖母教堂。那些印地安信徒迎面跪倒在教堂前面滿是塵土的廣場上。這種對天主教會自責爲罪人般的屈辱，深深地刺痛了我，天主教不正是支持剝削制度的辯解者嗎？

我站在三種文化彙集的特拉洛爾科廣場上。一九六八年奧林匹克運動會舉行之前，有兩百名遊行的大學生，在這裏被槍殺，我站在這裏，總是擺脫不了這個根本性的思考。

第七天

八點半，我和迪特·考涅茨基及其墨西哥夫人共進早餐。考是一個機敏的永遠珠璣連篇的骰子。他的思想不停地從他的頭腦中迸發出來。我開始對這個人產生了好感。後來又來了年輕的出版人卡來特羅。在考和另外兩個客人談話的時候，卡向我介紹墨西哥的出版事業及其存在的問題。

我有些難受。這不只是因爲卡滔滔不絕的言論，而是我的身體對墨西哥城高海拔（二三〇〇公尺）的反應。我出冷汗並感到暈眩。

第八天

在考赫海外旅行社，我沒有得到需要的機票。和文化專員弗蘭克去國家圖書館：是的，我們可以得到展覽場地，館長托勒這樣說。在所有出版人都是義務會員的圖書協會全國工業公會，我們一直會談到晚上。

第九天

根本就沒有我訂的去瓜達拉哈拉的航班。後來我乘上了另一架擠得滿滿的飛機。

歌德學院院長恩斯特·耶格爾到旅館來看望我。我和他從一開始就進行十分坦率的交談。這裏的歌德學院是他經手建立的。他是一位獨出心裁的和事必躬親的人，有主見也很投入，想幹點什麼。我們在這點上竟是一樣的！我喜歡他！但在這第一次會晤中，我就發現了他總想用謹慎的玩世不恭的態度掩飾自己的弱點。

第十天

只睡了三個小時的覺。星期日。飛往墨西哥最北部的蒙特雷，位於馬德雷山脈的山谷之中。但當我們乘車駛向城市時，那裏是一片綠灰色的霧幛，來自城市中佔主導地位的鋼鐵工業。開始頭痛。到處跑了一趟。在公園裏吃些東西，買了報紙，坐在一條凳子上讀了報紙。在市場上舉行的手工藝博覽會，沒有生氣，歌手很差。

第十四天

和謝德領事及文化專員G參觀政府大樓、大學、劇院和高等技術學院，觀看了展覽場地。然後在一家阿根廷飯館裏討論一切細節。晚上和G在一起，這個不可救藥的大嘴巴！

第十五天

九點，謝德來旅館接我去領事館，到了那裏不知道要談什麼。然後乘車去里奧聖卡塔琳娜河，在憲法大街附近的一座樓裏，找到了備用的展覽房間。和宇宙書店的總經理高莫茨伯爵會晤。在一間咖啡館接受新聞採訪。在桑博恩很快吃了飯。去機場，飛行不太穩。到佩魯希諾找蒂勒。洗了澡。吃點兒東西。再去機場。我的妻子多拉來了。不自然狀態逐漸有所緩和。是不是因爲我們到了拉丁美洲？

第十六天

一個星期五。是貝尼托・華萊士・加希亞總統（一八〇六—一八七二）誕辰，他曾打退了法、英、西三國對墨西哥的入侵，最後處死了不幸的哈布斯堡皇帝馬克西米廉・克勞斯。多拉和我早上乘電車和集體出租車去克索西米科的水上公園。在那裏我們坐了一艘用假花裝飾的小船。在我們旁邊的一條船上，一個典型的墨西哥馬里亞奇小樂隊用小提琴、小號和吉他演奏著歡快但也傷感的樂曲。然後踏著塵土走向市場。

晚上乘地鐵去索卡羅參觀燈火通明的大教堂。我們登上古老的皇家旅館的屋頂平台，坐在那裏喝了幾杯龍舌蘭酒。在上面可以看到下面美麗的廣場全景。這裏曾是阿兹提克文化的中心鐵諾奇特蘭，在它的廢墟上，西班牙新殖民者建立了他們的中心科爾特斯。它給我的感覺，很像我在莫斯科紅場上的感覺。這裏從來就是統治的象徵！

第十七天

早上，我嘗試再和下列人士聯繫：弗蘭克、考涅茨基、施密特、卡雷特羅。

弗蘭克沒有什麼新情況。考涅茨基在伊克斯米基潘主持一個印地安人專案。施密特沒有找到。卡雷特羅外出旅行。參觀現代藝術博物館的日程取消。

到歌德學院找施密特，至少可以得到一些資料。他明顯地毫無興趣，什麼都沒有！然後去國際書店找科爾布。科爾布說：「我如何輔助您，而且我能得到什麼好處呢？」

第十八天

早上九點我應該去圖書進出口公司找巴蘇托，據說他認識幾個人，可以陪伴我。我白等了一個小時就走了，多拉陪著我，我們又去參觀美術館，這是一座外牆鑲有卡拉拉白色大理石板的青春派華麗建築。在入口大廳裏懸掛著墨西哥偉大的迭戈·里維拉的油畫「站在十字路口的人」，它使我著迷，也使我不安：

在衆多齒輪、儀器、圓柱之間站立著一個金髮人（！），右手握著搖桿，左手手指按在一架電子儀器的按鈕上。這個人在操作一架複雜的機器，一個發電機的巨大的齒輪組成了畫的背景。兩個交叉的色彩鮮豔的橢圓中央是第三隻手。這是一隻科學家的手，它向觀衆遞過一個表盤，仔細看去，上面盡是原子和細胞的圖形。

交叉的橢圓中的一個，恰似一個人蜻蜓般的翅膀。他是宏觀世界，日月星辰和宇宙，及微觀世界，微生物、細菌等的原型。這是一幅對人的實證主義的畫卷，是一篇對自主的、有發明欲的、有發展精神的、堅定奮進的實踐者的辯詞。

但是，迭戈·里維拉是個積極的共產黨人，一個同時代的受難者，他當然知道，人類走向更好世界的道路，不僅僅取決於科學知識和其哲學思想。隱蔽在這幅五十平方公尺畫作的背景中的形象，表現了我們生活的這個畸形社會的可怕的矛盾。代表災禍和病症的微生物橢圓的旁邊，一羣士兵扛著上了刺刀的槍簇擁在一起，在坦克和轟炸機的掩護下進軍。在這種精神的觸動下，畫家還插入了一幕大資產階級的活動，他們在玩耍，在跳舞，在喝酒，在吸煙，伴隨他們或者說籠罩在他們頭上的，是那個顯示微生物和病毒疾病的橢圓。

在另一面，在代表星辰和宇宙雲霧的色彩斑斕的橢圓下邊，是一個新社會的工人們走向和平、青年人在參加大型運動會的場面。它們的下面是帶著有些厭世目光的列寧，他把各個種族和社會中各種勞動領域人們的手拉到了一起。

我站在這幅表現了我們時代如此衆多思想的畫前，感到了震動，也感到困惑。感到困惑，是因爲我在這幅畫上没有找到我的生活、我的希望和我的信仰能夠依附的東西。我就像是一隻微不足道的小蟲，爬在這幅氣息强烈的畫卷上，讚嘆著這巨大而充滿我們世紀思想意識的總匯，但我，卻不屬於這裏。

我的妻子在我身旁，也喋喋不休地讚嘆起這幅畫來，但主要不是針對此畫表現出的巨大的藝術魅力，而是對其中聖化了的内容。在這一刻，我對自己軟弱的個體意識感到羞恥，不能對環繞我周圍的强有力的思想意識潮流有所抗拒。

第十九天

決定乘「白星」班車去伊達爾戈的伊克斯米基潘找迪特·考涅茨基，以便和他談我的想法和展覽計畫。在京塔·馬麗亞·路易莎，我找到了他。他像球形閃電一般，無爲而作地穿梭於各個房間之中。他在奥托密印地安人那裏主持埃伯特基金會的一個專案，即培養印地安的師資，讓具有西班牙語知識，至少上過六年學的印地安人在本文化羣體内工作，讓奥托密人教授奧托密人。這個專案的意義在於，使印地安人在保持其本文化聯繫的前提下進入墨西哥社會。

在一個游泳池旁我和考涅茨基一起用餐。我向他述說了我的打算。他用心地聽著，一再點著頭，並下意識地用一支鉛筆在嘴裏晃動著。然後他就開始異常興奮地講起他的工作來了。

一點鐘，多拉和我在漆黑的夜裏，從鄰近的村子踏上了回家的路。

第二十天

太陽在萬里無雲的天空中燃燒著。在京塔，我們在培訓師資的班上聽了一堂課。然後有一餐烤肉。一頭羊放到一塊燒得熾熱的石板上，用香蕉葉子蓋起來，埋到一個地洞裏，等它烤熟。

晚上乘巴士回墨西哥城。路上花了兩個小時。

第二十三天

我向弗蘭克先生介紹業已成熟的關於舉辦展覽和研討會的計畫。但他事先又讓我在大使館等了一個小時。這是一種方法。然後我急忙趕到墨西哥外交部，向一位戈洛麗雅．卡巴萊羅博士介紹了我們的計畫，她對此表示歡迎。

在最後一分鐘趕到「紅星」班車的巴士站，多拉已在那裏等我。巴士行程持續了兩個小時，穿過宏偉的山谷高速公路前往普埃布拉。這是一座沒落了的殖民地城市，這裡鑲瓷磚的房子，顯示了以往的富裕。用以裝潢所有殖民者房屋牆面和內院的彩色瓷磚燒製技術（藍色的），是西班牙移民從托雷多省帶來的。

到達後立即拜訪女書商維爾特，然後是萊特朗書店。從這裏再去拜訪文化促進處，我在這裏受到了友好的接待和理解。德國領事文策爾後來打電話到我們下榻的十分舒適的聖米格爾旅館。

第二十四天

奇冷。這裏仍是墨西哥高原（二、一六〇公尺）。從附近白雪覆蓋的波波卡特佩特爾火山方向，吹來冰冷的風。

文化促進處的一位代表早上來接我們。政府大樓是適合舉辦展覽的場地，但我顧慮它距離政府太近。在中央學校我會晤了普埃布拉省的教育部長拉巴托·康特雷拉斯，進行一個小時很有啓發性的談話。然後參觀一所學校。

試圖打電話找到文策爾領事，都沒有成功。他這一天被纏在福斯汽車廠裏。乘班車去哈拉帕啓程前，還是在領事館找到了他，並彙報了情況。

汽車舒適地行駛四個小時，駛向一千四百公尺的低處。突然出現濕潤溫暖的碧綠景色，讓人想起了瑞士。

第二十五天

哈拉帕。普拉多旅館簡直是臭……早餐我們到鄰近的酒吧去吃。然後乘出租車去文化傳佈大學。建築師門德斯·阿克斯托是一位坦率的年輕人。我同他不僅對專案，而且也對政治問題進行了廣泛的討論。然後共同前往伊格拉西奧·德·拉·里亞維（展覽場地）。短暫參觀了著名的人類學博物館：奧爾美克人巨大的石雕像、美麗的早期托托納克文化的洞穴俑，尤其是它們的典型的笑臉給我留下難忘的印象。

奧科塔夫·帕茨一九六六年寫過一篇散文〈笑的背後〉：

「起始是笑。世界開始於一場淫舞和一陣狂笑：滑稽的笑是稚氣的笑。今天只有孩子還會像托托納克人俑那樣笑。那是首日的笑，野性的笑，它還和首日的哭那麼相似：它意味著與世界的和諧、無言的對話和純情的歡樂。」

我的生活伴侶，我們最後一次笑是在什麼時候？我們曾出於純情的歡笑過嗎？

在老城散步，一直走到誤點兩個小時的巴士開車。凌晨一點到了墨西哥城。我們把蒂勒一家從床上拉了起來。貝阿特麗克爲我們做了烤雞。我們一直聊天到清晨五點。

第二十六天

週末。中午時分，我們和蒂勒一家到瓦斯卡去看他們的地皮。途中在一家街頭小酒館吃了一頓十分辛辣的午餐。晚上我們在一塊荒涼的林間土地上搭起了帳篷，他們兩人認爲，這就是他們購買的土地。我們久久地坐在帳篷前早已熄滅的篝火旁。

第二十七天

和克勞斯一起下山去一個農場。我們在一條河中游泳。因爲天氣悶熱。從農場借來兩匹馬。都是些老傢伙。我那一匹有些腿瘸，而且一隻瞎眼，這是我在沿著一個陡峭的山坡往下走時發現的。克勞斯化裝成墨西哥人，戴著一頂寬沿大帽，掛著一把大砍刀。我們兩人很可能給人以唐吉珂德般的印象，因爲我們在路上遇到的一些印地安農夫們，看到這兩個老外騎著瘸馬在他們面前走過時，都像生根似的駐足不動了。我們沿河騎了三個小時，上到了一個山峯，觀賞周圍的美景。

中午太陽最毒的時候，我們拆卸帳篷，又回到了墨西哥城。

第二十九天

在協會告別主席董・安各爾。訪科爾布，他剛剛做完他的「作業」。烏爾塔馬斯的科來因夫人，卻認爲直到月底都有時間。在庫恩和納戈爾運輸公司，與舒曼先生和法斯特林先生談運輸條件的問題。下午坐在房間裏算帳和寫報告。晚上，出版人卡雷特羅來訪，我們共進晚餐，就墨西哥問題進行活躍的交談，直到午夜。

第三十天

清晨乘出租車去墨西哥公共汽車站。經高速公路到奎雷塔羅。我們在塞拉亞候車室吃午飯。在薩拉曼卡臭氣熏天（煉油廠）。經過伊拉普阿托，終於到達了瓜納華托，共行駛了八個小時。

我們爲它不規則的陡峭而狹窄的胡同和台階，以及突然展現的小廣場而歡欣鼓舞。我們有時行駛在地下通道之中，那是過去的防禦體系。我們在波薩達・桑塔・費旅館住了下來，它就在華萊士劇院裝飾有繆斯衆神像立柱的新古典主義建築的旁邊。

我們累了。又抓緊時間做一次穿街走巷的散步。我們在一個小廣場用餐。一個孩子跟我們講了一個傳說。一羣穿著校服的大學生唱著校園歌曲。天氣相當涼。

第三十一天

在旅館空蕩的大堂裏吃過早餐以後，去大學。洛裴茨・貝爾納，一個神經質的年輕小男人，他什麼都不知道，精神有些恍惚，卻主管文化事務。他的助手埃爾南德斯，帶我們看了展覽場地，它就在難以描繪的陰沉的大學圖書館旁邊。然後我們乘車到城郊，看望德國教授舍夫勒，這是一位和藹可親，但也有些神秘莫測的哲學教授。

接著，乘巴士去火葬場。這裏人們挖掘出了由於土地自然結構造成的木乃伊屍體，並在沿牆修建的展覽廳裏展出，簡直令人毛骨悚然！其中甚至有一個胎兒木乃伊：「世界上最小的木乃伊！」

傍晚時分逛市場大廳，在酒吧前不可思議的場面是，剛從木乃伊那裏過來的我們，和一個全身顫抖的人在吧台前喝一杯啤酒。這個城市的氣氛和遭遇，給我們留下了無法描繪的怪異印象，似乎是費里尼的影片，而不是現實。

第三十二天

五點鐘起床。外面下著大雨，很冷。在汽車站，賣甜食的婦女為我們煮了一杯牛奶咖啡。六點三十分，啓程去弗萊恰阿梅里亞。行程四個小時。沿著尤里里亞瀉湖西岸，風光多變，在奎特塞沃附近同名的鹹水湖上有一座四公里長的大壩，通向莫雷里亞。是一座大城，有一個迷人的殖民時期的市中心。修道院、教堂和宮殿都是用淺玫瑰色或淺紫紅色石塊砌成的。引人矚目的帕蒂奧斯圓柱之上拱起了飛簷。

城市的文化委員會主席赫蘇斯·莫拉雷斯是個做事繁瑣的人，但卻很隨和。我們餓得臉都發綠了，所以趕緊和他及其夫人到一家魚餐館吃飯。

大學生遊行。夫妻吵架。颳風，天很涼。

第三十三天

步行去巴士車站。先吃了早餐。一個饑餓的少年偷吃我們的殘羹剩飯。乘「西部公共汽車」班車向北，先經過風景如畫的西納佩誇羅，然後再向南經過伊達爾戈、西塔誇羅，前往托魯卡。沿途變化多端的西馬德雷山美麗的山區風光，尤其是海拔三、一〇〇公尺高的米爾峯。

六個小時以後，我們回到墨西哥城，送我們去蒂勒家的出租車司機，已經認識了我們。晚上，出版人卡雷特羅宴請。

第三十五天

再次去大使館訪弗蘭克先生。彙報了情況，並把籌備工作的資料留在那裏。我們將舉辦一個內容豐富的書展，題名爲：「通訊、教育、科學」，將在墨西哥七大城市展出。幾個星期以後，他將獲得我在過去幾周裏活動情況的詳細報告，然後加上他的評註，送往波昂外交部，作爲我們在墨西哥舉辦書展得以批准的基礎。

第四十天

告別墨西哥，儘管還要到展覽的最後一站梅里達去一趟。

把內衣熨燙妥當，在蒂勒家吃了一頓有龍舌蘭酒的早餐。然後來了巴蘇托，請我們去阿巴赫諾飯店吃典型的墨西哥風味。喝了不少龍舌蘭酒，馬里亞奇樂隊的樂師們不疲不倦地演奏著。巴蘇托送我們去機場時，我感覺有些輕飄。前往梅里達的飛行很舒適。我們游泳，到城裏散步。最後喝一杯啤酒。

第四十一天

一大早去訪領事F。他坐在一間陋室裏，身後有一面德國國旗，是一個愚昧無知的人，但很和氣。

去大學。可惜沒有見到傳佈文化的主管。我們乘一輛馬車去旅行社，訂了到瓜地馬拉的機票。天氣濕暖。第二次去大學嘗試，又沒有成功。我們回旅館吃飯。這時他來了。約好明天會面。我脖子痛，多拉腸胃痙攣。

第四十二天

感冒得很厲害。仍然到旅館游泳池游泳。拜訪大學並簽署舉辦書展合作議定書，之後，兩名經濟學院大學生來找我，他們有一副典型的馬雅人長鼻子的面孔。他們想從我這裏瞭解「强勁的德國經濟」。非常炎熱，衣服貼在身上。我們談了兩個小時，然後共同爲我買了一件薄短衫，這是一種縫有大口袋，在加勒比地區典型的襯衫，是可以登大雅之堂的服飾。

第四十三天

今天本來想去烏科斯馬，是一個著名的馬雅文化勝地。但我感到發燒，感冒使我渾身無力。買了一本關於墨西哥歷史的書，在旅館游泳池裏讀。

下午較晚的時候，還是去了文學書店。

第四十四天

中午去機場，辦好登機手續。瓜地馬拉航空公司宣告，飛機準時起飛。但誤點一個小時才來。我們在停機坪等候，德國人、法國人、日本人，還有幾個拉丁美洲人。

飛機終於滑過來了。大家衝向飛機，不讓到達的乘客下機。當我們終於站到舷梯上時，一名空姐舉起手：

「站住，飛機客滿，超額訂票了！」

艙門關閉了。我們和其他十幾名旅客站在外面，困惑不解。人們慌亂地跑來跑去，有人喊叫：

「誰是航空公司的負責人？」

所有的人都拿著有效的登機牌。

「他媽的航線代理在哪裏？」

被排除在外面的人們憤怒地衝向一名工人，他骯髒的工作服上掛有航空公司的記號。他只能爲難地聳聳肩膀，然後就去爲飛機起飛做準備工作。

一個從利馬來的德國人，ＢＡＳＦ的代表，表現得尤其突出。他狂吼著，滿臉變得通紅，要求立即經過墨西哥城飛往瓜地馬拉。他甚至不忌諱喊出種族主義的咒罵（喀納肯蠢貨，臭印地安鬼，下等人！）。他講一口漂亮的西班牙話，所以可惜都被人聽懂了。

我和多拉羞澀地躲到後面，坐在陰影裏的一塊石頭上，看著這一幕令人遺憾的表演。那個小個子機場工人辯解說，他只不過是一個掙錢很少的工人。

最後，激動的人羣都散開了。我們還一直被剛才經歷的一幕壓抑在我們坐的石頭上。那個工人又走過來：

「你們呢，你們在這裏還做什麼？」

這回該我們聳肩膀了。我們不知道。

「請跟我來！」

小個子說，而且不再是吞吞吐吐。我們提著箱子趔趄地跟在他身後向機場大樓走去。在一間辦公室裏，他脫去那件骯髒的工作服，裡面是一個打著深色領帶的男人。

「請坐！我們下一班飛往瓜地馬拉的班機，可惜三天以後才有。這裏是在泛美旅館過夜的住宿券，這裏是每日三餐的餐券。請原諒我們給您帶來的不便！在邁阿密超額賣了機票。我很對不起！」

看到我們疑惑的吃驚神情，他說：

「是的，我就是航線的代理，請再次原諒給您帶來的不便！」

第四十五天

我們還是到達了烏科斯馬。炎熱幾乎無法忍受。我們仍然爬上了約四十公尺高的巫師金字塔，這是一座外形橢圓的獨特的廟宇建築。據六世紀移民至瓜地馬拉的馬雅部族的一個傳說，這座金字塔是烏科斯馬統治者在一夜之間修成的，他是一個巫師的兒子，會施展魔法。實際上，它的五層建築是在三百年中陸續疊建上去的。

我們沿金字塔東側陡峭的階梯爬了上去，欣賞著周圍地區令人難忘的景色。階梯的坡度爲七〇％。往下走時，我真爲多拉擔心。

第四十六天

乘巴士去奇格素魯布港畔的普羅格雷索。天氣悶熱。人們都穿著衣服下水。到了晚上我們才知道爲什麼：怕中暑！

第四十七天

我們兩人都感覺不好。我們吵嘴。然後去機場。三天前的那場混亂中，我們通過海關，也就是已經出境了，但我忘記取回入境證件。因此我們無法再出境，因爲我們還沒有入境。

怎麼辦？

這個問題只能由警察局長解決。

這位局長在哪？

去午睡了！

難道不能請他來嗎？

您想到哪裏去了！

飛機降落了。我們等待在警察局長的辦公室裏。

飛機加了油，裝上了貨物。乘客上了飛機。航空公司的代理匆忙跑來。你們辦得如何？

警官還沒有露面。

飛機就要起飛了，這時從門口走來一個滿臉不快的局長。他沒有理會我們。解下了掛手槍的皮帶，把手槍放到桌子上。

我强迫自己保持冷靜。他坐到裝飾有國旗的辦公桌後面的軟椅上。我看到他的手槍是德國製。

「噢，我遇到了一個同鄉。」我開始説話。他把手槍拿到手上，掂著它的分量。

「很好，德國人！」他笑了。我鬆了一口氣。飛機還在外面等著。代理把頭伸進來探望。

「您懂得一點兒武器嗎？」

「不，其實不懂。」

他開始對我講解他手槍的優點。沒有其他手槍可以和這支相比的，真的沒有。

警察局裏的人這時已全部走光了。他到前屋叫人給客人拿來一小杯咖啡。我顯出謝絕的姿態，指了指跑道上的飛機。

「不要怕，我不放行，它不會飛走的。」

他繼續誇奬他手槍的優越性。我們喝了咖啡。他問我們從哪裏來，到哪裏去。最後終於說出使我們解脫的問題：「那麼，你們的小問題是什麼呢？」

我强制自己，平靜地講述三天前發生的事情，以及請他協助解決的問題所在。

「把你們的姓名和地址寫到這頁白紙上！請交十二美元的手續費。我祝您一路順風！」

瓜地馬拉

第四十八天

瓜地馬拉城。昨天我們找了好幾個小時，才在一家叫「改革」的小旅館找到房間住了下來，這是一家包管一日三餐的旅店。

只有今天上午還可以工作，因爲復活節一周的慶祝活動已經開始了。在德國大使館遇到辦公室主任普爾奇比勒，這是一位樂於助人又和藹可親的人。自從德國大使馮・施普雷蒂伯爵於一九七〇年被綁架和被害以後，此地就再沒有派新大使來。

然後去訪最重要的書商屯丘・格拉納多斯・貢薩萊斯，這是一個狂熱的天主教徒和瑜珈信徒。他的尖鼻子鳥狀腦袋，使我想起了五〇年代奧地利一位滑稽的電影演員。他很友好，帶著我們不停地說著，以主人的姿態陪同我們參觀他整齊的、內容以守舊的天主教學說爲主的部分圖書。

我們在旅館裏放棄德國口味餐食，到泛美飯店吃了一頓可口的瓜地馬拉午餐。然後去訪相當破落的不來梅書店。還想去國家圖書館，但沒有成功，因爲已經閉館了。小旅館的布蘭登堡夫人，在這期間替我們買好了星期日去薩爾瓦多的汽車票。最好在這裏過節。

第四十九天

綠色星期四。這裏是復活節的第一天。書商屯丘早上接我們去安提瓜——瓜地馬拉十六和十七世紀的舊都。一七七三年地震以後，西班牙人把首都遷到現在的位置。古老的殖民者的建築廢墟，絕大部分還保持著原樣。古老修道院和「大都會大教堂」的雜草叢生的廢墟，使我思考著時代和歷史。

我們奔跑在直角形石塊鋪成的馬路上。到處是小巧的印地安婦女，穿著色彩鮮豔的裙子、襯衣和披肩。她們奔向一隊朝聖的隊伍，正在用鮮花和彩色木屑鋪成的地毯上行進著。屯丘是一個反動的超級天主教徒，友好但胸懷社會企圖。他講起教皇來，充滿內心的激情。不得不又回到瓜地馬拉城，坐著屯丘的高級大轎車，緩慢地穿過兩旁盡是別墅的富人區的街道，他向我們傳播著瓜地馬拉富裕生活的印象。

第五十天

昨天迷人的經歷使我們今天又來到安提瓜。一支由全部穿著紫色服飾的男人和男童組成的朝聖隊伍，拉著一座七千公斤重的聖壇，行進在安提瓜高低不平的道路上，一隊身著羅馬士兵制服的騎手護衛著朝聖的隊伍。人們爲拿撒勒耶穌的死而高聲嚎哭著。身著黑衣的婦女們，動情地撫摩著遍體鱗傷的基督偶像。我從一名年輕的神父那裏得知，那些伴隨基督聖體的貧窮婦女，爲這一勞務每人從教會得到兩個美元。這種歇斯底里的受虐狂，使我很難過。我們逃走了，躲開每一支朝聖隊伍，又回到了瓜地馬拉城。

在這裏我們想躲在房間讀書。但旅館裏的德國客人卻堅持要我們和他們一起喝啤酒。

第五十二天

乘提卡線路的巴士行程六個小時，經過著名的泛美城前往聖薩爾瓦多。在瓜地馬拉這一側的山區邊界線上，生長著巨大的咖啡和香蕉植物。六八年時的反動名字如「聯合果品公司」又勾起了我的回憶。一九四五年時，美國軍隊就是在它的股東國務卿杜勒斯的策劃下入侵這個國家，旨在迫使當選總統的華科博・阿爾本斯・古斯曼放棄一項溫和的土地改革。

當時的計畫是，沒收私人地主荒蕪土地的六分之一，分配給無地的農民。聯合果品公司的二十一萬公頃土地中，有四分之三是荒蕪的，最後有十七萬五千公頃被收歸國有。作爲補償所支付的一百萬美元，也正好相當於聯合果品公司報稅單上標定的土地價值。但聯合果品公司卻要求支付一千五百萬美元。

從此，恐怖、謀害、屠殺和任意逮捕，成了司空見慣的事情。在我們有限而短暫的個別接觸中，所聽到的只是否認。比如說，把人從直升機上扔入火口中，這不是真的，只是不滿現狀者和共產黨的惡意中傷。

第五十三天

今天是復活節星期一，所以大使館不辦公。但我仍然找到了辦公室主任薩林斯基，他又請來了女大使胡特爾。她外表符合時尚，始終跟隨德國潮流。她友好地把大使的朋馳專車和司機費德爾提供給我們使用。

文化書店，年邁的德國書商卡恩，和藹可親，但十分保守。大學書店的經理安納亞・維雷達是一名流亡者。他伸開手臂說：他是共產黨，所以在大學關閉時他就消失了。在博覽會場地，遇到一位會講德語的阿爾弗雷多・布斯塔曼特。在卡恩的兒子那裏認識了世界博覽會的古斯塔博・希梅內斯・科恩。他是一個「理想主義者」，給我們講了他在古巴的游擊隊經歷。

宏都拉斯

第五十四天

雖然昨天付了早餐費，但今天早上在克拉克飯店卻沒有人起床。六點鐘乘提卡巴士出發。八點在聖米格爾吃早餐。然後又是邊界上的例行公事：下車，雙手舉起靠在牆上，尋找武器，從汽車裏拿出行李；我們站了兩個小時，等待巴士接受檢查。天越來越熱。終於可以繼續向宏都拉斯境內開去了。到了納卡，孔莫突然說：前往特古西加爾巴的旅客在此下車。我們離開用冰塊製造冷氣的提卡巴士，和另外十八個人一起塞進一輛福特小巴士中。在乾燥、盡是塵土的山路上走了三個小時，才到特古西加爾巴。在最後一段路上，多拉又犯了腸絞痛。

在又吵又熱的普拉多旅館裏，經過十個小時旅行的我們，立即跌進了床上。

第五十五天

我和德國大使館的辦公室主任霍夫曼會晤。在拉丁美洲工作了二十一年的他，已經失去了德國人的衝勁。尋找兌換馬克的銀行和爲多拉買藥的藥店。

訪問吉却特書店和「阿里斯通」國家印刷廠。在資訊上收穫甚微。最後到德國文化中心拜訪有些瘋癲的安娜瑪麗·考赫夫人。

第五十六天

九點前，旅行社派人送來機票。由於多拉生病，下段路程我們選擇了飛機。到了機場才發現，她的阿根廷護照需要辦簽證。這時已是九點半。起飛時間是十點十分。她乘出租車趕回城裏。我辦好了登機手續。十點差十分，一個官員才想起來，我也需要尼加拉瓜的簽證。我坐上第二輛出租車飛馳進城。我在廚房裏找到了穿著睡衣的尼國領事。剛爲多拉用過的簽證圖章還放在咖啡杯的旁邊。我趕到機場時，飛機已開動了馬達停在跑道上，一個升降平台把我送上了飛機。

尼加拉瓜

我們從機場乘坐出租車，緩慢地駛向一九七二年被地震幾乎完全摧毀了的馬那瓜。出租車停下開不動了。爲了啓動，藉助其他汽車的電流。我們住進一家私人房子，每夜二十四美元。對我們而言，這是很多的錢。晚上我們在一條盡是廢墟的街上散步。

第五十七天

按習慣我同德國大使館取得了聯繫。是一位V先生，這裏的人們怎麼説的：

「Boludo!」

在大學遭到了冷遇。一個「老外」和一個「黑妞」，這很像是CIA。我們隱約地感到，這裏籠罩著我們看不到的內戰氣氛。我想見到的歐拉修·佩納教授，據說不在。大學生組織，據說這裏也沒有。

拜訪哥斯達黎加大使館（辦簽證！）以後，我們失落地回到了小旅館。由於無法忍受的炎熱，我們接連三次用冷水淋浴。

當我們站到一座小房子的陰影中時，我們聽到一位祖母喊她的孫兒：

「列寧，過來！」多拉立即衝到她身旁。老婦把我們帶回家見孩子的父親。在這裏，我們還是瞭解到一點有關這個國家嚴重形勢的情況。

晚上，乘出租車去機場。路上輪胎爆裂，這是今天的第二次。設想，如果不讓我們出境，因爲我們拿不出從哥斯達黎加出境的證件。我們想從那裏乘國內巴士線路繼續旅行，所以只能在那裏取得需要的證件。

我說了謊，說我們將乘埃伯特基金會駐哥斯達黎加辦事處的汽車繼續旅行。官員進入後面的房間，過了一會兒又出來：

「這是您的證件。一路順風！」

哥斯達黎加

我們在聖荷塞下了飛機，那裏已經有一個紅臉龐、眼睛有些斜的金髮男子在等我們，他叫海諾·福略令，是埃伯特基金會的代表。

「您是衛浩世先生嗎？我只是想看一看，是誰要用我的汽車到處遊逛。」

當馬那瓜機場給他打電話時，這個人立即做出了正確的反應。他把我們帶到「卡塔林納」培訓中心，以後的兩天我們就住在這裏。

第五十八天

早餐時看到參加培訓的人員，來自全中美洲的工會幹部。得到很多迄今我渴求的資訊。參加會議的還有一個民間舞蹈小組。我們被要求同他們一起跳舞。

在平台上和奧特倫及海諾長時間喝著可樂和朗姆酒聊天。作家阿貝托·貝薩·弗羅雷斯答應爲我介紹一些人。晚上去福略令家：兩個可愛的孩子，一架風琴和很多資料。

第五十九天

星期日休息。我們讀書，發懶。給陶貝特寫信。我步行去附近村莊的香蕉園。晚上我們坐在平台上，下面是聖荷塞的燈光，上面是天上的星星。

第六十天

從今天起住在卡塔林納的「廣場」旅館，這裏距離聖荷塞三十公里。和弗羅雷斯一起去教育出版社，這是由中美洲大學聯合組織經辦的聯合出版社。與教育出版社的總經理薩爾瓦多人伊塔羅·羅佩斯·巴耶西約斯進行長時間又很有啓發的談話，他是一位粗壯而自信的人，說幹就幹。下午我們又見面的時候，我已感到了友情。我們商定，由教育出版社在中美洲各大學辦一次德國圖書巡迴展覽。和海諾有了一個爲這個地區舉辦書商研討會的想法。

第六十二天

昨天去太平洋海岸蓬塔雷納斯，遭到熱帶暴雨的襲擊，結果尚未痊癒的感冒又復發了。我去德國大使館首先向辦公室主任雅可布、然後向大使馮埃希伯恩説明和教育出版社商定的計畫。兩人都很贊同。

乘提卡巴士去巴拿馬需要二十個小時。由於是周末，在那裏無事可做，所以我們決定在這裏待到星期六再走。

萊曼書店，一位弗里茨先生：是一個很大的企業，有三百多工人和印刷廠等。

晚上和中美洲大學聯合會的頭面人物貝尼修・貢薩雷斯和埃德爾貝爾托及他們的夫人在一家墨西哥飯店會晤。

在卡塔林納培訓中心與工會幹部一起跳舞。

第六十三天

上午必須解決繼續旅行的問題：購買去巴拿馬的車票，必須有繼續去哥倫比亞的車票，而爲了買後者，又必須首先解決從哥倫比亞出境的問題，等等，等等。最後我訂到了從巴拿馬飛往波哥大的機票。鈔票像流水般地消失！

午飯時會同尼加拉瓜作家塞爾希尤・拉米雷斯——他是尼加拉瓜知識分子地下組織「十二人小組」的成員（後來曾任桑定政府的副總統）——社會學家貝尼修・貢薩雷斯和埃德爾貝爾托・托雷斯，以及伊塔羅・羅佩斯・巴耶西約斯和海諾。首先討論我們計畫的研討會問題，然後議論這個區域令人擔憂的政治形勢。這時我們成了聚精會神的聽衆，因爲我們面前集中了中美洲知識界反對派的尖端人物。

第六十四天

筆鋒書店，我在這裏與進口部主任施特歇爾和圖書部主任恰瓦里亞交談。在旅館算好賬，整理好郵件，開始寫報告。後來去市郊的莫拉維亞見古特曼老太太（小書屋）。然後散步，爲孩子們買了便鞋。

第六十五天

十八時，福略令夫婦送我們去汽車站。十九時，提卡巴士啓動前往科迪耶拉德塔拉曼卡。到海拔三千公尺處我們行駛在霧中，然後又下到濕熱的平原。巴士裏熱得難以忍受。到了邊境的卡諾亞斯，是夜裏三點，司機一聲不吭地去睡覺，讓我們一直等到七點。我在星光閃爍的夜空下漫步和吸煙。後來躺在一條木凳上，嘗試睡一覺。一羣牛在我身旁走過，我醒了。

巴拿馬

第六十六天

六點鐘，一家飯店開門。我叫醒巴士中的多拉。我們去吃早餐。過海關一直過到九點，然後駛過綠色、濕潤和肥沃的土地直至阿瓜杜爾塞，我們在這裏吃飯，很便宜。在美洲橋越過巴拿馬運河，這是南北美洲間唯一的大陸通道。

巴拿馬城：我們在主要大馬路上散步。炎熱、骯髒、强烈的臭味。之前，這裏下了一場暴雨。色彩斑斕的房屋和大多是黑色的人羣使我想起了巴伊亞島。

第六十七天

和每天早上一樣，仍然很熱，醒來時感到渾身痠痛。到哥倫比亞大使館，需要一張我們在哥倫比亞從陸路出境的證明。他們讓我去哥倫比亞領事館。

然後去德國大使館：阿爾布萊希特先生很是開放，同意和教育出版社制定的計畫。拜訪聖古阿書店。然後在市內散步去郵政總局並到海邊。

夜裡登上美國布蘭里夫航空公司的飛機。我們進入機艙時，很多沒有表情的白皮膚面孔上的冷漠眼睛盯著我們。至少這是我們的感覺。在這驚險不斷、混亂不堪的幾周行程裏，穿過了血腥的拉丁美洲大陸！

下面的旅行更多的是休假，也有一點自己安排的工作。

哥倫比亞

第六十八天

在波哥大早上醒來時，我們兩人都感到胃裏不舒服又渾身無力。我拖著病體去德國大使館，遇到了一位親切但謹慎的文化專員內斯特洛伊。

然後我們躺在旅館的床上，背部和四肢疼痛不堪，發燒，瀉肚。難受的一夜。

第六十九天

四肢仍然疼痛。我進城去中央書店（德國書商溫格爾先生），帶回兩本《明鏡》周刊。晚上在旅館對面十分勉强地吃了兩份雞湯。夜裏，多拉又犯了腸絞痛。

第七十天

我有些好轉。多拉肚子一直還在痛。我們前往CERLAL，這是一個拉丁美洲圖書促進中心，類似在東京的亞洲中心。首先會晤了書記，然後是聯合國教科文組織的阿根廷專家埃里貝爾托・斯奇羅，最後是中心的主任阿爾卡迪尤・普拉薩斯。

接著去拜訪哥倫比亞圖書業商會，與十分遲鈍的秘書長拉米雷斯・桑契斯進行了交談。下午拜訪著名的德國書商卡爾・布赫霍爾茨，他在他的恰比內羅分店接待我們。十九點，CERLAL的斯奇羅先生接我們到他家吃晚餐。他滔滔不絕地講到二十三點，後來我實在是不行了，他送我們回旅館。

第七十一天

這次旅行中給我印象最深刻的會晤之一，無疑是與老布赫霍爾茨的接觸了。他請我們到他家吃午飯。他是一個熱情友善又有創見的人。他已七十二歲，雪白的頭髮，一雙水藍色的眼睛，但仍有很多計畫，比如要建立一座巨大的圖書館，像一個神鷹那樣。他帶我們參觀他掛滿藝術精品（巴拉赫、雷姆布魯克、布特羅的作品）的房子和他的野味十足的花園。

「當時曾有過一個無人說起的展覽，對非官方的藝術生活有著特殊的意義，也常是柏林藝術收藏之友們聚會的地方——那就是萊比錫大街，布赫霍爾茨書店樓上漂亮的大展覽廳。」維爾納・哈福特曼在他的作品《被貶黜的藝術》中是這樣描寫的。布赫霍爾茨在第三帝

在波哥大旅館裏養病。

國是屬於自稱非政治性的人物。

「在我那裏沒有一本書遭禁。在我那裏有不少是『被焚』的圖書，儘管納粹頭目像戈林等人在我的書店裏出沒，同樣反納粹人士也在我那裏購書。」

一九三八年，他和其他被選中的畫廊主一起榮獲許可，向國外出售「墮落的藝術」作品，當然是爲了給納粹政權籌集外匯。這一方面使他成了希特勒的幫凶，而另一方面也成了衆多二十世紀重要藝術品的救星。他在這期間，透過他藝術部門過去的主任庫爾特·瓦倫廷在紐約開辦了一家「布赫霍爾茨畫廊」，專事這類的交易。

一九四三年，他在柏林的書店被炸毁，很多藝術品也遭不測。他首先前往布拉格，然後到馬德里，最後到達里斯本。在每一個城市他都開辦了一家書店。到了五〇年代，他終於被一位友好的哥倫比亞領事說服，來到波哥大。在市中心他又開了一家大書店，很快就成爲拉丁美洲知識界的聚會地點和自由精神表達的場所。

席間，他柔弱而友好的夫人也在座，向我建議接管他在馬德里的書店。

然後我們去國家銀行圖書館，他讓我們觀賞了他晚年夢想的模型，神鷹圖書館。

最後我們一起參觀黃金博物館，在那裏，在哥倫比亞前西班牙時期做了一次時間旅行。胸片、戒指、手鐲、頭冠、祭祀物、鳥狀和鰱魚狀影像、鼻環、金銀絲製品、幾何圖形和對稱圖形項墜。一只金質獨木舟上，金質的陪葬品和綠寶石當中有一酋長形象，它是黃金王國傳說的始源。

巴士車站前，布赫霍爾茨心不在焉地匆匆和我們告別。

第七十二天

啓程去五百一十公里以外的卡利。巴士行駛了十二個小時。離開波哥大不久就進入山區。公路沿著曲折的山谷伸延著。彎道很多。我們幾乎死去活來了多回，何況我們又是坐在最前面，有幾次車子轉彎時我們眼睛看到的就是一片空虛。我們最終只能咬緊牙關把全部信任寄託在司機身上，他緊張地轉動著方向盤，不斷地換檔，而且常常——至少我們這樣認爲——忘記了踩煞車。

越過東科蒂勒以後，就是一段平坦筆直的公路直達伊瓦格了，然後穿過一個至少海拔三千公尺的山口，到達亞美尼亞城。到卡利的最後一百公里，公路又平坦了。

巴士裏的好心人都警告我們當心小偷，並告訴我們在這個城市裏，要把所有的東西抓牢。

第七十三天

我們還得繼續進行一天艱苦的旅行，還要乘十二個小時的巴士去帕斯托。多拉想去瞭解開車的時間，這時出了事。她背著的文件包的背帶從後面被割斷，包被偷走了。包裏有所有我們的地址，很多筆記，錢和我的第二本護照等物品。我們透過當地的擦鞋匠和當地廣播電台向不知名的竊賊做出我們的許諾。毫無作用！我們沮喪地上了下一班巴士。

到波帕楊之前，汽車行駛在舒適的柏油快速路上。然後，到了雄偉的安第斯山脈地段，這時的路就只是高低不平、千瘡百孔的田間小道了。天暗了下來，開始下雨。小巴士從路的這一邊跳到那一邊，尋找著最佳的路面行駛。

兩個「搗亂分子」，他們想去他們不願去的地方，一個奧托瓦連諾部落印地安人，頭上紮著其民族典型的長長的髮辮，他很想出口點什麼，這就是我們的同路人。

清晨兩點鐘，到達帕斯托，我們被車顛得散了架子。

厄瓜多爾

第七十四天

我們同另外三名的乘客，一個農民、一個妓女和一名法官，共乘一輛搖搖晃晃的出租車，經過絕美的山區風光，前往厄瓜多爾邊界附近的伊佩阿雷斯。這座有三個火山的城池，透過其天然的輪廓給人留下印象，它看起來很像是一幅巨大的米開朗基羅的綠色皺褶。另一輛出租車把我們送到離邊界更近的圖爾坎，爲取得入境簽章，我們必須在這裏停留幾個小時。圖爾坎是一座潔淨的模範小城，這裏住著很多漂亮的忙碌的奧托瓦連諾族印地安人。

隨後我們乘一輛早該報廢的小巴士，在一條惡劣的公路上繼續前往伊瓦拉。在埃爾安戈爾，我們的小巴士帶著轟響的馬達穿過只有黑人居住的山谷，可以看到他們典型的環形茅舍羣。車中的印地安人立即對此發表種族主義的言論，其他人擔心自己的行李。

剛剛穿過山谷，前面就出現了一支軍事巡邏隊。他們把其他乘客的行李搶下小巴士，放到一輛卡車上，風一般地開走了。我們得以倖免。當我把手放到鄰座那位女伴行李上時，她的行李也未被拿走。這時我們理解了什麼叫在一個無法無天的地區生活了。到基多之前還受到五次這樣的檢查，直到乘客身無分文地到達首都。

第七十五天

基多的高度在海拔二千八百公尺以上，很是涼爽舒適。

我的衣服已全是皺褶了。一個裁縫十分繁瑣地爲我熨燙平整。在德國大使館會晤了新聞專員阿佩爾拉特（友好而公事公辦）和大使第勒（冷淡）。

在旅館等多拉。她買回一個陶俑、一件織巾和一個銀盤兒。她想告訴我，是在哪兒買來的。我們進去就很難再出來，直到她又費好多口舌買了兩個俑人爲止。開始時我們很高興，後來又對其真僞表示懷疑。

然後去里布曼書店。和維因貝格夫人進行親切的談話。

我們抽時間插入了一個參觀耶穌教團教堂寫作譜曲的活動。是一次對巴洛克建築造型的欣賞喜悅。這裏在十七和十八世紀時，曾有大批藝術家，受到當時無窮盡的金銀資源的鼓舞，創造了卓越的聖壇繪畫。

第七十六天

會晤大使館文化專員馮·格萊沃尼茨。他提到年輕的德國書商辛德里克·格羅瑟·魯梅恩。我們一起去訪他：修長，金髮。在一座漂亮的老房子裏歡迎我們。

下午和格萊沃尼茨去文化館。和秘書長阿里薩加交談，然後坐在厚厚的軟椅上會晤副總裁：很多蠢話！帶著陶俑去找專家鮑姆。當然是贋品！晚上在格羅瑟·魯梅恩處。

第七十七天

夜裏兩個人都肚子痛。多拉嘔吐了。我嚴重瀉肚。醒來時偏頭痛。留在床上。多拉瞭解繼續旅行的可能性。明天晚上才有班車。我們計算了一下，決定乘飛機去利馬，也可以爭取些時間。

我三點鐘起床。我們拖著病體去買機票，票價當然要比預告的貴得多。晚上，著名的厄瓜多爾作家阿德貝爾托．奧爾蒂茨打來電話。我們在附近一家旅館會面。他送給我他寫的三本書。

秘魯

第七十八天

奧爾蒂茨乘了旅遊部的一輛汽車，到旅館來接我們去機場。乘坐一架老式的埃萊克特拉飛機，越過瓜亞基爾，沿著秘魯海岸線前往利馬。除了我們，機上還有來自墨西哥的梅諾西蒙家族，他們會講一種中古北方德語，除兩名男子外，其他人都既不會寫字也不認得字。多拉和我爲他們填寫入境表格。

到了利馬，我立即去大使館，但卻沒有遇到任何人。只是交給我陶貝特的一封電報：我應該立即寫信告訴維格納博士關於接班人問題的決定。

第七十九天

和德國大使館辦公室主任蘭貝雷特進行了短暫而友好的談話。然後和德國書商霍斯特・迪庫特進行詳盡的討論。到市中心散步。在聖馬丁廣場一個街頭劇團的演員向我挑釁：

「嘿，美國大兵！」

由於所有白人都被反帝的蔑稱叫作「楊基罪犯」，我聲稱自己是俄國人！

晚上的電視新聞：布朗特和布里茲涅夫在黑海划船。

第八十天

星期日。上午我們參觀人類和考古博物館。各種陶罐、貴重的帕拉加斯紡織物、一個安第斯山城馬楚皮克楚的模型和印加金器，都沒有用昂貴的裝置一目瞭然地展示在觀衆面前。

下午，凱撒・羅德里蓋斯的兄弟來接我們，凱撒曾在法蘭克福佛洛伊德學院學習心理學，屬於我們圈內的「進步」朋友。人們見過他和盧迪・杜施克手拉手地走在遊行隊伍前面！

他的兄弟開車帶我們向北行駛，左側是大海，右側是褐色到黃色的沙漠，不時可以看到遠處安第斯山脈的走向，我們行駛在其中間，前往八十六公里以外的阡凱，我們在那裏品嘗了好吃的海味——回來時順路參觀幾處浴場，到達了利馬的港口卡亞俄，這裏到處是魚類加工的腥臭味。

第八十一天

再訪德國書店找迪庫特。接著去歌德學院：德意志國家黨人漢斯・舍費爾（一直是他）。和迪庫特一起訪秘魯圖書商會。秘書長斯基內爾沒有提供多少真實的資訊。然後還去了知識書店。之後在旅館和迪庫特喝茶。在旅館：我的胃呀，我的胃！

第八十二天

乘長途巴士要花費三十美元，行程三到四天，而且還得在阿里卡過夜。我們又決定乘飛機（九十美元）。旅行漸近尾聲。不論是留在法蘭克福的工作的責任感，還是旅途的勞累，都難以排遣。雖然我在這裏或那裏還能找到激情和樂趣。我能爲我面臨的根本性抉擇，現在做出答覆嗎？我能在這裏長期生活嗎？這裏有我的前程嗎？

這次長途旅行的經歷給我帶來太多的問題和困惑。我需要和它脫離一段！

迪庫特幫我解決行囊羞澀的問題。我們去銀行，他取出一萬二千索爾（七百五十馬克），費了幾個小時。

去機場，嚴格檢查外匯。在飛機裏我們出人意料地遇到了來自波哥大的斯奇羅和很多秘魯軍人。美麗的安第斯風光。

智利

聖地牙哥給人一種陰暗而空蕩的印象：公共汽車公司在罷工。在出租車司機的建議下，我們在泛美旅館住下。我們立即開始尋找我們的巴西朋友何塞・費雷拉，政治流亡者的他，七○年代初和他的夫人曾生活在巴黎，是我們家庭的最親密的朋友之一。可惜他的住址也在卡利遺失的包裹，所以我們失去了所有的線索。我們找當地的政治組織瞭解他的情況，也沒有立即回音。

第八十三天

多拉的胃又造反了。我們還是去了郵局和政治期刊《終點》雜誌編輯部，想瞭解費雷拉的住址。我們想透過他得到有關智利政治形勢的情報。我們感覺到對我們的不信任和距離，也感到了在整個公衆生活中一種無言的緊張氣氛。

我們拜訪社會黨。他們爲擺脫我們而提供的費雷拉的電話號碼，是錯的。

晚上我們想去看電影，但電影院不開門。

第八十四天

乘一輛「集體公車」穿過瓦爾帕拉伊索的霧景。大學出版社社長莫里納先生提供了有關阿言德統治下的智利出版事業的詳細情況，他很年輕但有些工作過度。

中午在港口的「野外生活」飯店吃了美味的海鮮。然後我們在出版社繼續聽莫里納的報告。

傍晚，「集體公車」不開了。和三個滯留在此的乘客協商了合適的車費，乘一輛私人汽車回聖地牙哥。

第八十五天

早上我們還是去找我們的巴西朋友。在這個普遍壓抑的氣氛中（都在傳說不久就會發生軍事政變），我和多拉間的關係也進一步緊張起來。就好像這裏的形勢應該由我負責似的！

早上吃早餐時，我第一次兌換了黑市美元，因爲按官方匯率我們手頭有限的經費已難以維持下去。餐廳服務員公開地用他的托盤托著二十公分厚的一摞鈔票，在餐廳穿來穿去，再把鈔票數到我們的桌子上。我甚至有些不敢看他一眼。後來我們才得知，連政府自己也利用這個黑市。

我們拜訪安德烈斯·貝略出版社，會晤了社長霍爾赫·巴羅斯（以前在《鋸齒》期刊）和總經理納巴雷特。兩人對現行的政治局勢都很擔憂。

之後，到諾伊曼書店經歷了一種對立的立場，科勒爾夫人對軍人的橫互抱歡迎的態度，認爲這樣可以結束現在的「混亂」局面。

我們最後氣急敗壞地逃入電影院，看了一部費里尼導演的影片，裏面的空氣極壞。

晚上我們帶了一捆主要是左派的報紙，很早就上了床，試圖瞭解一下，這裏到底發生了什麼事情。

有人輕輕地敲門。

我喊道：「請稍候！」開始套上一件衣服。

他又敲門，這次有些不耐煩了。

「來了！」我把門開啓，外面站著一個肌肉發達的小個子智利人，想越過我探試房間裏面。

「您找費雷拉？」他問我：「他在樓下等您！夫人能不能和我下樓去？」

我没有懷疑，把門又關上，好讓多拉穿衣服。她出門時，那個小個子又奇怪地越過她看了房間一眼，瞟了一下裏面放著的報刊。

我等了幾乎半個小時，他們兩人才回來。小個子男人自我介紹是「奧斯瓦爾多同志」。他筋疲力盡地坐到沙發上，開始講下面的故事：

「我是奧斯瓦爾多同志，内務部行動隊隊長。幾天前就有人向我們報告，説有兩個神秘的人物——一個老外，一個黑妞——嘗試滲透到巴西流亡者組織中間去。今天中午我接到了行動指令：下榻在美國中央情報局常使用的泛美旅館中的這兩個人，必須分別隔離，如遇反抗立即消滅！」

「對我來説，」奧斯瓦爾多説：「主要問題是把你們帶出這個旅館，因爲它對我們是一塊敵人的領土。我到樓上你們的房間，其他人等在下面。我想先把夫人帶走，因爲這可能比較容易，然後再衝入房間，解決你的問題。

「我敲門。等了一會兒你們才開門。我一看房間裏面：噢，原來是秘密工作的老把戲，你們在這期間已經把左派期刊散擺在床上！但我的第一步計畫還是成功了，夫人跟我走了。

「當我們站到電梯前時，夫人向我講了費雷拉同志的情況，細節是如此詳細，只有十分熟悉他的人才能知道，於是我產生了懷疑。到了樓下大廳，我打電話給費雷拉同志。問題一下子都澄清了。

「你們一定知道，幾周來我們生活在精神極度緊張的氣氛下。隨時都可能發生襲擊！你們的行爲太輕率了！」

第八十六天

我們探尋離開這個國家的途徑。經過門多薩山口去阿根廷的班車票已經沒有了。而且山口也將封閉，不知道是政治原因，還是大雪封山。奧斯瓦爾多替我們弄來一封內務部的信件，給還忠於阿言德的邊境司令官。

我們和何塞・費雷拉一起吃飯。内戰何時會爆發？法西斯主義，這就是危機時刻的資本軍國主義！

第八十七天

我們又去找費雷拉。在那裏還遇到其他的巴西「同志」。我們參觀了他們的培訓中心和以後爲他們提供伙食的食堂工程。在修好一半的廚房裏，我們吃了幾塊三明治。

我回旅館拿行李，但這並不容易，因爲這期間又增加了不少書。晚上我們搬到費雷拉夫婦的小住宅裏。我們談了整整一夜。

這些「同志」驚人的坦率和友好，給我留下深刻的印象，儘管他們每日都面臨危險和爲生存而奮鬥的局面。

我不由地做了自我比較：時刻想著安全保障，不斷把保險和制度化作爲自己的界限。這種程式化思想和謹小愼微的處事哲學，奪去了我自發的感覺。除了有時爆發一點兒怒氣以外，而這也只不過是一種無能爲力的表現，實際上就再也沒有自發的激情了。

我還會爲一次談話、一次景色的經歷、一次目光的對視、一張美麗的面孔、一個深邃的思想而激動不已嗎？

我現在所關心的，是可接納的東西。我仍然生活在稍稍超前的狀態中，仍然爲明天有所擔憂，仍然想著「以後怎麼辦」。生活越來越成了義務：一切都必須完成！

夜裏，我做了一個關於紅色野牛的夢。

我在一塊岩石後面尋找一個球，那是一個男人（父親？）拋到那裏去的。但我找到了一隻野牛的屍體：小心，它已腐爛！

「你不許給我看發亮的東西！」野牛說。

我從兩個遊戲的小姑娘那裏借來一塊碎鏡片，把太陽光閃向它。野牛站了起來，頭變得通紅，好像要打噴嚏，它咆哮，但還站立不穩。我跑進一個房間，命令我的孩子把門關上。

然後：一個跌倒的騎自行車的人，半身陷入沙子之中。我趕去輔助他。

第八十八天

山口一直封閉著，所以我們帶著全部行李去機場。人們許諾阿根廷航空公司可能有一班機去科爾多瓦。等了六個小時，希望破滅了。最後我們乘英國加里東航空公司的飛機飛往布宜諾斯艾利斯。穿著蘇格蘭小裙的空姐輕盈的服務，使我這個從充滿威脅和危險的拉丁美洲生活中過來的人，感到痛楚！

奧斯瓦爾多及我們在聖地牙哥認識的「同志」們，在皮諾契政變後的第二天被槍殺了。當時他企圖從內務部倉庫中取出武器裝備反對軍人的戰鬥。

返回法蘭克福以後，我難以再進入日常工作生活。但最後抉擇的日子越來越臨近了。終於，展覽和博覽公司董事會從十九名要求競爭主席職位，即陶貝特接班人的申請者，邀請了五個人到法蘭克福機場施太根貝格旅館進行「面談」。這五個人是：繆勒．勒姆希爾德博士、亞力山大．馬滕斯，兩人均是交易協會的新聞發言人，克里斯蒂安．烏里希博士，他是著名的弗里德里希．烏里希的兒子，他寫的教科書《出版社學徒》和《圖書零售學徒》曾是我們這行業中的人的啓蒙讀物。在過去的兩年間，他曾受德國發展援助的委託在馬達加斯加建立了一所教科書出版社。另一名競爭者，是一個神秘人物，我們只知道，他曾在加爾各達擔任過總領事，然後，就是我了。

一九七三年七月三日，是個炎熱的星期日。交易協會這一天舉行員工野遊。我們這些應徵者一個接一個地來到嚴肅的委員會面前。

我們是如何看待法蘭克福書展的未來？這是他們想從應徵者口中聽取的關鍵性問題，這是我的猜測。

這個委員會的運作機制，我大體也知道一些。我没有做任何聳人聽聞的表白，只是回答說：

「我想，我們應當繼續陶貝特先生的政策。是他把書展發展到了今天的程度！」

我想，對這樣一種見解，人們最容易取得一致。被一些成員看成是輕浮子弟的我，有意在這裏表現得穩重些。

我們都離開了這裏。委員會退回房間去做他們困難的決定。

我的思想還一直留在拉丁美洲，而且我也未抱任何幻想。我回家了，躺在沙發上睡覺。下午四點鐘，我根據人們的建議打電話到旅館，要求接通委員會開會的會議室。

dtv出版社的弗里德里希先生接的電話。我報了姓名：

「我是衛浩世，我想……」

我聽到，弗里德里希先生握住話筒，向房間裏喊道：

「衛浩世來電話……」遠處傳來好幾個人的聲音，交叉著說話。終於，弗里德里希先生又說話了：

「衛浩世先生，就是您！」我没有聽明白。

「是的，我是衛浩世，我是想……」

「不，衛浩世先生，就是您！」

我不明白他說的意思：

「是的，我是衛浩世，您聽得見我說話嗎？」

「不，您還沒有聽明白，就是您！您得到了這個職位！」

頃刻間，我陷入了一種嚴肅的沉默之中。我慢慢地滑到沙發上。我望著屋頂。我的妻子和孩子們還在拉丁美洲。我知道：這就是最後抉擇！我到達了生活需要我的地方。我不屬於這兒，也不屬於那兒，我屬於中間。

七月的這個下午，我坐到了兩把「椅子」中間的位子上，直到今天沒有離開它。

憤怒書塵 / 彼德·衛浩世(Peter Weidhaas)著
；王泰智譯. --初版. --臺北市：臺灣商
務, 1999 [民 88]
面； 公分. --(Open ; 4 : 14)
譯自：Und Schrieb Meinen Zorn in den
Staub der Regale
ISBN 957-05-1557-0(平裝)

1. 圖書-展覽-通俗作品

487.6 88000486

OPEN系列／讀者回函卡

感謝您對本館的支持，為加強對您的服務，請填妥此卡，免付郵資寄回，可隨時收到本館最新出版訊息，及享受各種優惠。

姓名：________________ 性別：□男 □女

出生日期：____年____月____日

職業：□學生 □公務（含軍警） □家管 □服務 □金融 □製造 □資訊 □大眾傳播 □自由業 □農漁牧 □退休 □其他

學歷：□高中以下（含高中） □大專 □研究所（含以上）

地址：________________

____

電話：（H）________________（O）________________

購買書名：________________

您從何處得知本書？

□書店 □報紙廣告 □報紙專欄 □雜誌廣告 □DM廣告 □傳單 □親友介紹 □電視廣播 □其他

您對本書的意見？（A/滿意 B/尚可 C/需改進）

內容______ 編輯______ 校對______ 翻譯______

封面設計______ 價格______ 其他______

您的建議：________________

____

____

臺灣商務印書館

台北市重慶南路一段三十七號 電話：（02）23116118・23115538

讀者服務專線：080056196 傳真：（02）23710274

郵撥：0000165-1號 E-mail：cptw@ms12.hinet.net